カワイイ！少女お手紙道具のデザイン

大正・乙女デザイン研究所
北島 都
山田 俊幸 編

もくじ

［凡例］

・本書所収の手紙は原拠となるものを尊重しましたが、収録に際し、氏名・住所等プライバシーに関わるものは削除し、あるいは最小限、手を加えました。
・仮名遣いはおおむね当時の文章形式のままとしました。
・原文を読み易くするため、誤記等は、［］で補足しました。
・手紙文中、差別や偏見に基づく不穏当な言葉があります。一部は削除しましたが、歴史性・時代性を考慮し、そのままにした箇所もあります。
・掲載した図版は、実際の大きさとは限りません。

はじめに

山田俊幸

これからご覧にいれるのは、大正の終わりくらいから昭和の戦争直前までの、少女たちが交換した「お手紙」、またそれにかかわる、さまざまのお手紙道具の数々です。

「少女文化」という言葉があります。それはまさにこの時代に華ひらいた、少女・乙女たちの文化を言います。この時代こそがまさに、少女たちの「ベル・エポック（良い時）」だったと言うことは、ここに収められた手紙文、手紙グッズによっても語られます。第一次世界大戦の需要を受けての好景気と、グローバル・スタンダードを求めたナショナリズムの右肩上がりの国力の増強は、一面、なぜか文化の涵養をも齎《もたら》したのでした。「大正デモクラシー」という現象がそれです。社会主義、マルキシズム、エロ、グロ、アナーキズム、ダダイズムと、たがが外れたように、さまざまなエネルギーがそこから現象となって噴出しました。少女文化もそのひとつでした。それは、その頃流行した児童雑誌、少女雑誌、婦人雑誌によって支えられます。さまざまな雑誌が、文化のナビゲーターとなった時代でした。

そんな雑誌文化の中に、これらの「お手紙」も位置します。もともと、「お手紙」の道具である文房具は、「文房」が書斎を意味するように、「文房四寶（筆、硯、紙、墨)」とか、「文房清玩」とか、文人つまり男性の手紙道具だったのです。それが明治の開化以後に、欧化の思想の流行で「fountain pen」つまり「万年筆」に変わります。それでも文房具が男性のものであったことには変わりません。

それが変化するのは、婦人雑誌、少女雑誌にペン習字の広告や、その実用が載りはじめてからでしょう。それらは、万年筆よりも、付けペン向きだったようです。万年筆のように高価ではなく、インクがあり、ペン先だけを変えればちょっとしたおしゃれの世界に遊べる。この当時は、吸い取り紙という道具も魅力のひとつでした。お友だちへのお手紙が、ペンとインク、それもブルー・ブラックのインクで書かれるようになります。この現象は、小説の世界でも行われ、また、少女たちの実際の世界でも流行します(ちなみに、明治末には紫のインクで文字を書くのが流行していましたが)。

この本では、そうした少女たちの「お手紙」の世界を、「ブリコラージュ」「エクリチュール」「コネッサンス」という三つの世界に分けました。

ブリコラージュは手仕事ですが、便箋選びから始まって、お手紙の相手に応じて絵封筒や封緘をどのように組み合わせるか、それはまさに手仕事の領域です。じつは、そのように版元でトータル・コーディネートされた絵封筒たちですが、実際に少女たちが使う場合、必ずしもその通りには組合わされません。相手を考えての多様な組み替え、これが少女たちの感性でした。封緘も、気に入るもののない場合は、自分でマークを描きます。この感性はまさに、「手仕事」そのものと言えましょう。

エクリチュールはその語の通り、記述そのものですが、それは、相手にどのように読み解いてもらいたいのか、あるいは受け手が言外のどこまで読もうとしているのか、お手紙交換はその交差の地点で成立します。お手紙とは、まさにそうしたお互いの期待の地平に成り立ったものなのです。

コネッサンスは、知識。識別力であり、ちょっと哲学的には知覚を意味します。また、知り合うことや、知り合いの意味も。お手紙の世界は、仲間内の隠された意味の世界と対応、照応します。そこには、こうしたコネッサンスが必要なのです。そこでこそ、自分の言葉、思いが自由に羽ばたけるといってよいでしょう。ここにあるのは、そんな少女たちの世界です。当時は、そうした「言葉」の世界を「教養」としながら、お手紙が書かれたのです。そのための教則本がさまざまに出されます。美しい字体と美しい言葉――それを目指したものでした。そのためのお手本です。少女たちの先輩となる女性の作家たちによって、教則本の文例はさらに豊かになってゆきます。それがまた、少女たちに想像の翼を与えます　こうしたお手紙の世界がやがて、昭和十年代から活躍し始める「閨秀（女性）作家」たちの仕事のベースとなっていったのです。

みなさん、昔の少女たちの世界を楽しんでください。

（大正・乙女デザイン研究所所長）

第一章

ブリコラージュ

絵封筒・絵便箋の世界

大正末から昭和の時代にかけて、さまざまな手紙道具が、石版印刷や木版印刷で出されています。

これらは主に、明治、大正にかけて絵葉書を最高水準に押し上げた版元が、そのノウハウを駆使してかかわったものですから、印刷の質、エンボスのプレスなど、それはみごとなものでした。そして、隆盛を極めた雑誌というメディアを背景に登場した人気挿絵画家たちが起用されます。竹久夢二はもちろん、高畠華宵、加藤まさを等。京都大阪では、小林かいち、高橋春佳などの起用もありました。またそれに合わせる便箋の制作。お手紙道具は、版元でトータル・コーディネートされて出されます。当然、新興の版元、新人もおります。日出づる国社、伊藤としを、橋爪ゆたか等。

大阪では、趣味家の大人が出入りするそうしたお店としては、エヂプトや柳屋が知られていますが、少女たちの出入りできたお店は、京都の三条新京極にあったさくら井屋、東京では伊東屋などだったようです。おそらくその他のお店でも購入できたのでしょう。ですが、使用されないで少女たちのコレクションとして残った上質の絵封筒は、伊東屋で購入した封筒入れにセットされていますから、よいものはそこを通さなくてはならなかったようです。

絵封筒《えふうとう》

和好み

絵封筒の世界は、大正から昭和にかけては百花繚乱ともいうべき豊かさでした。サイズも大小さまざま。中には祝儀のポチ袋と見まごうものもあります。絵封筒は、ほんらいの宛名面が絵で埋めつくされますので、宛名は封をする無地の方にしばしば書かれます。それほど、絵が大事だったのです。

京阪ではさくら井屋、東京では伊東屋、三越。作家では伊藤としを、小林かいちなどを見ることがあります。コレクションのためには、専用の絵封筒入れなども売っていました。

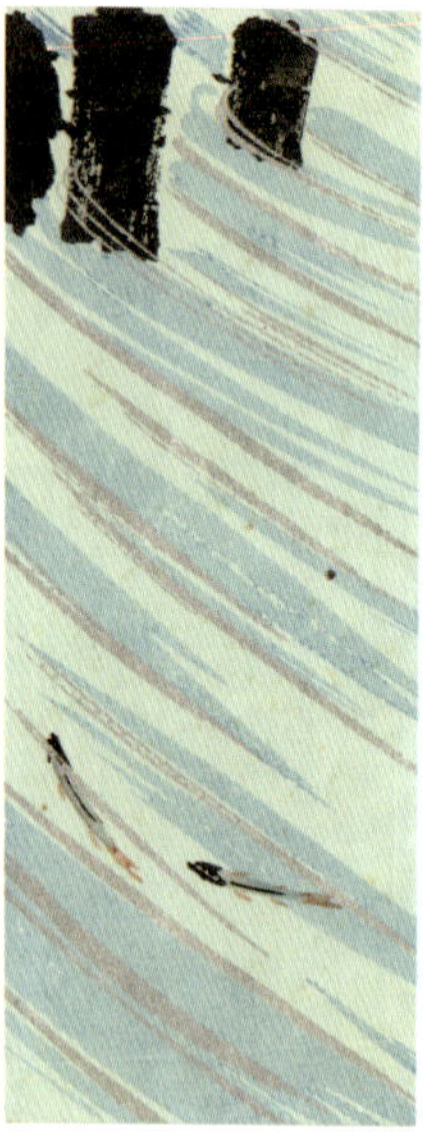

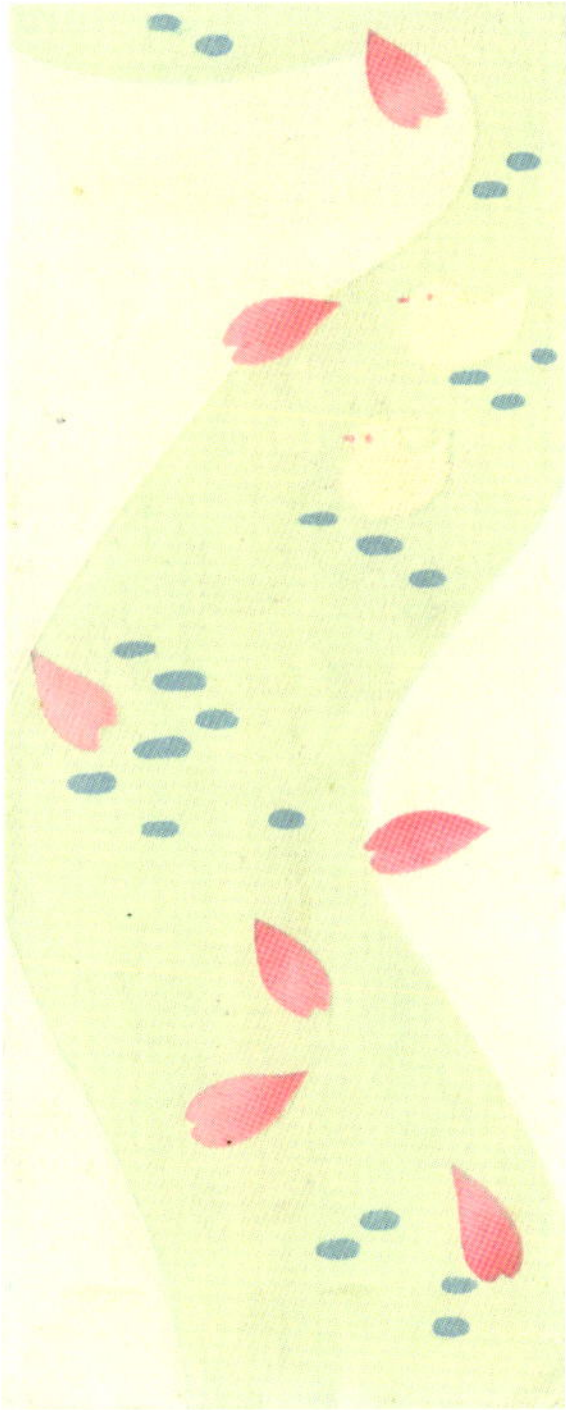

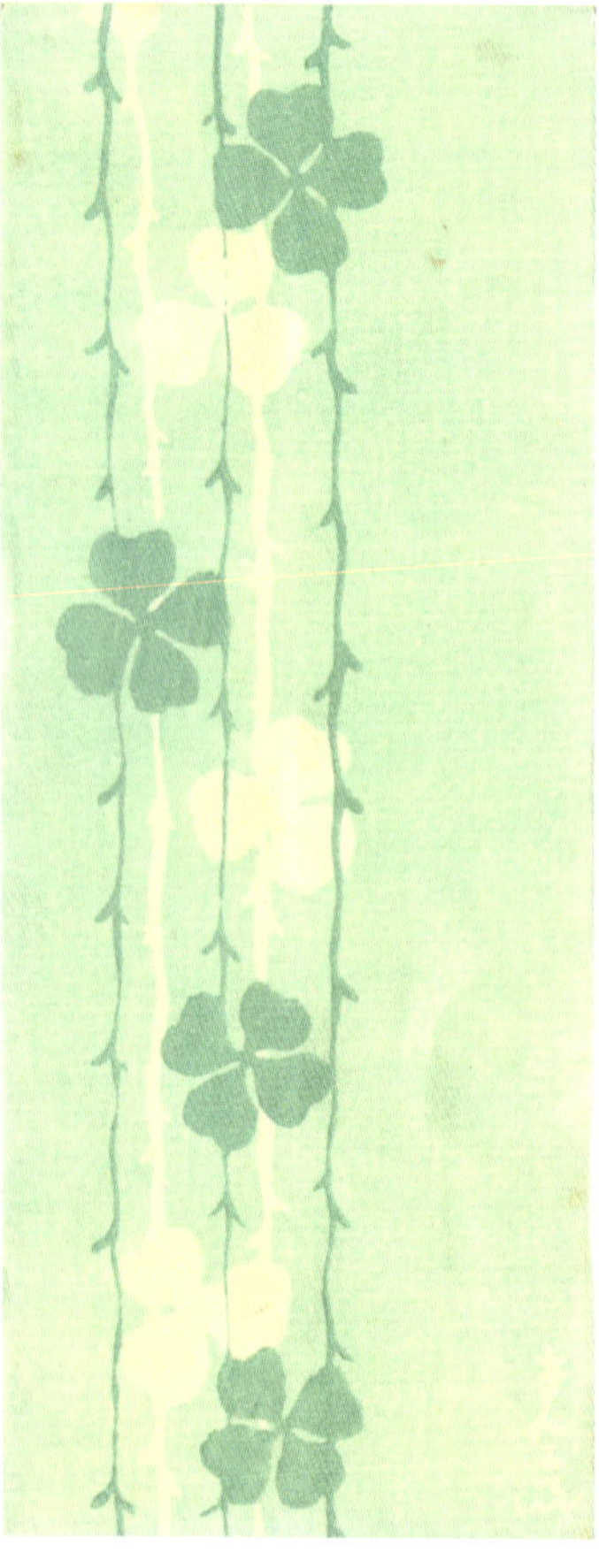

乙女好み

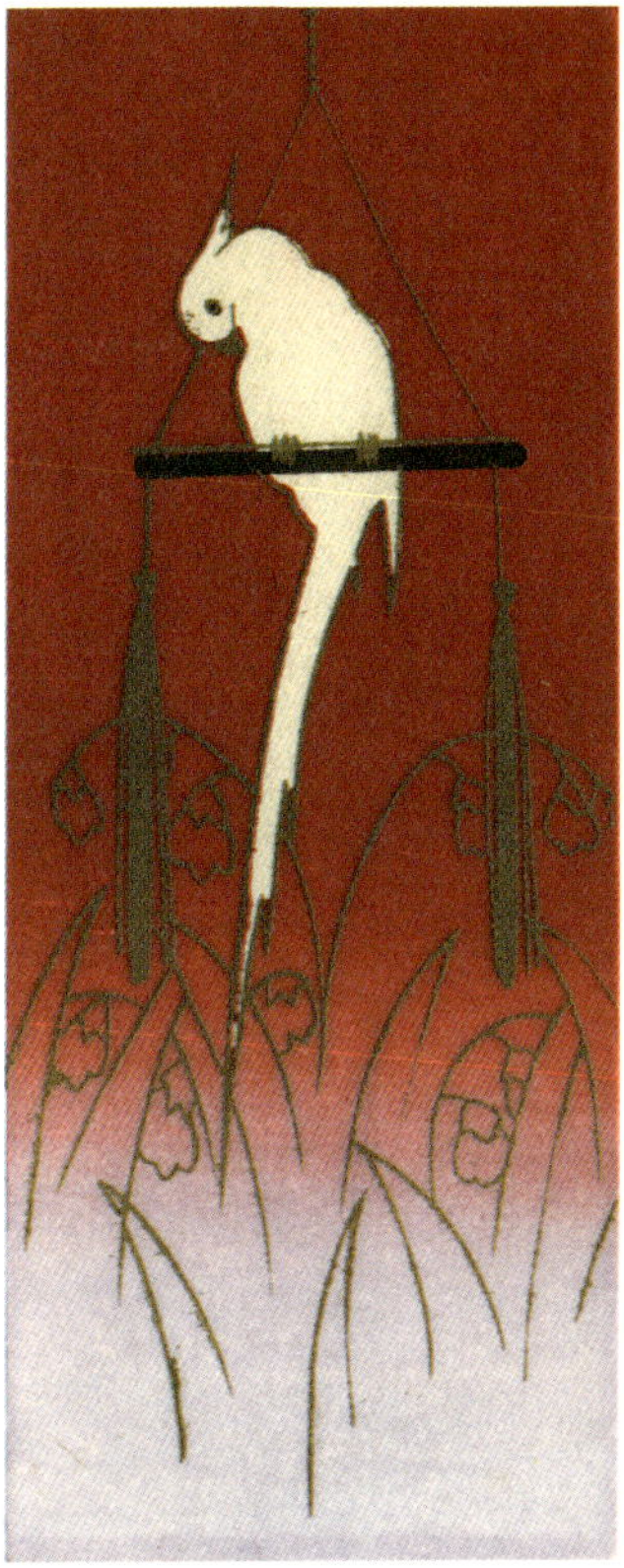

たにかげで ふたりして
たのしい をしらしたね
みんなよ ほんたう

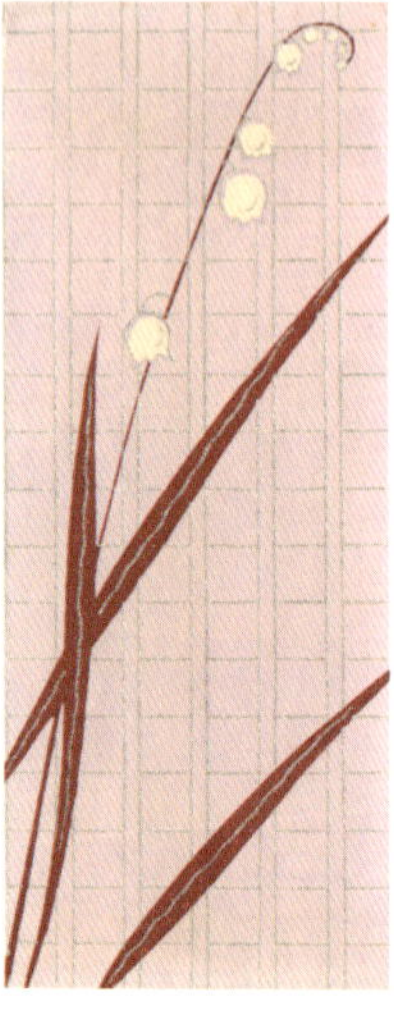

キッチュ好み

TOS

INORI
TOS

A
A

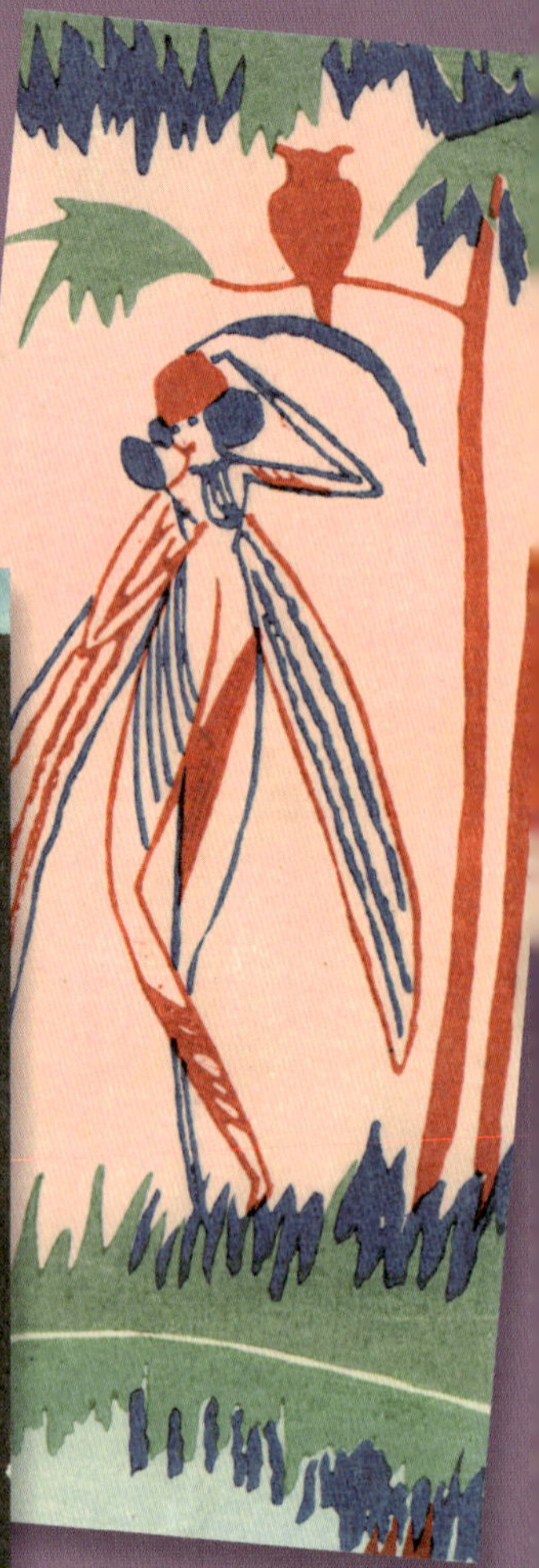

刺生

KOTORI KUNIE

モダン好み

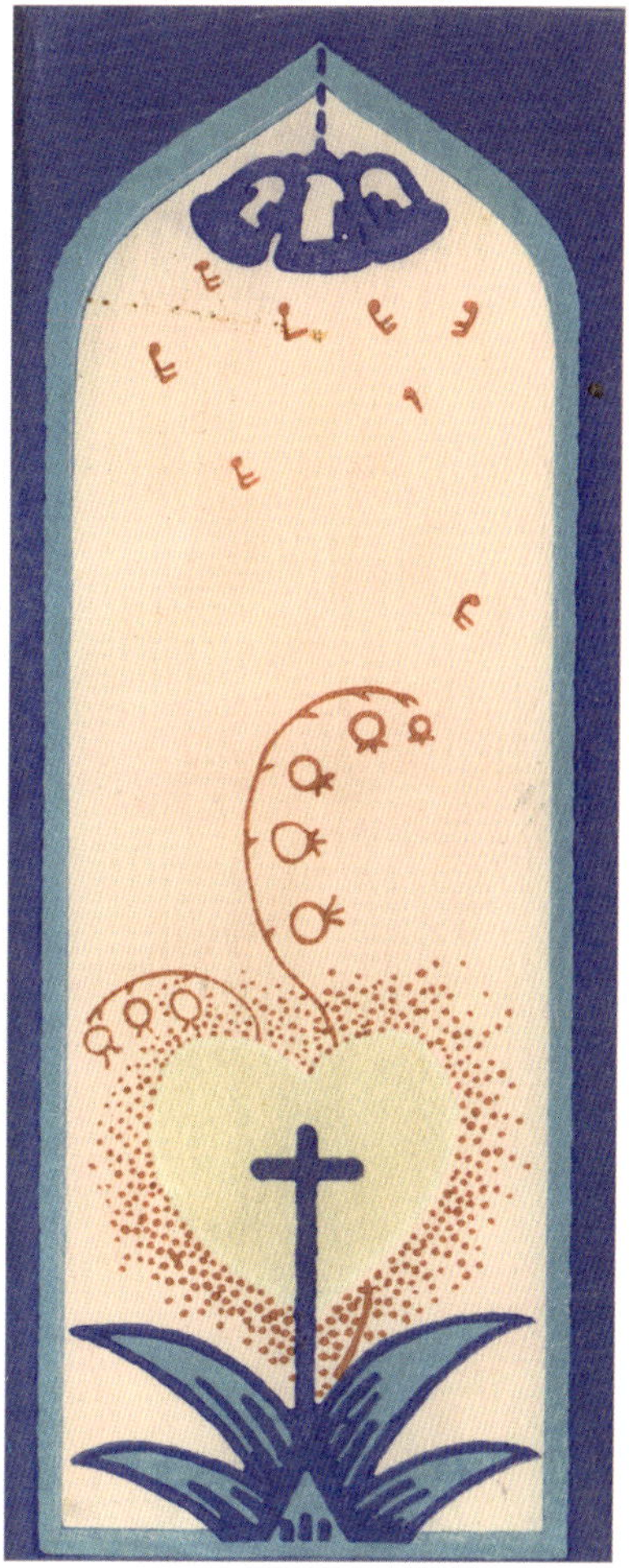

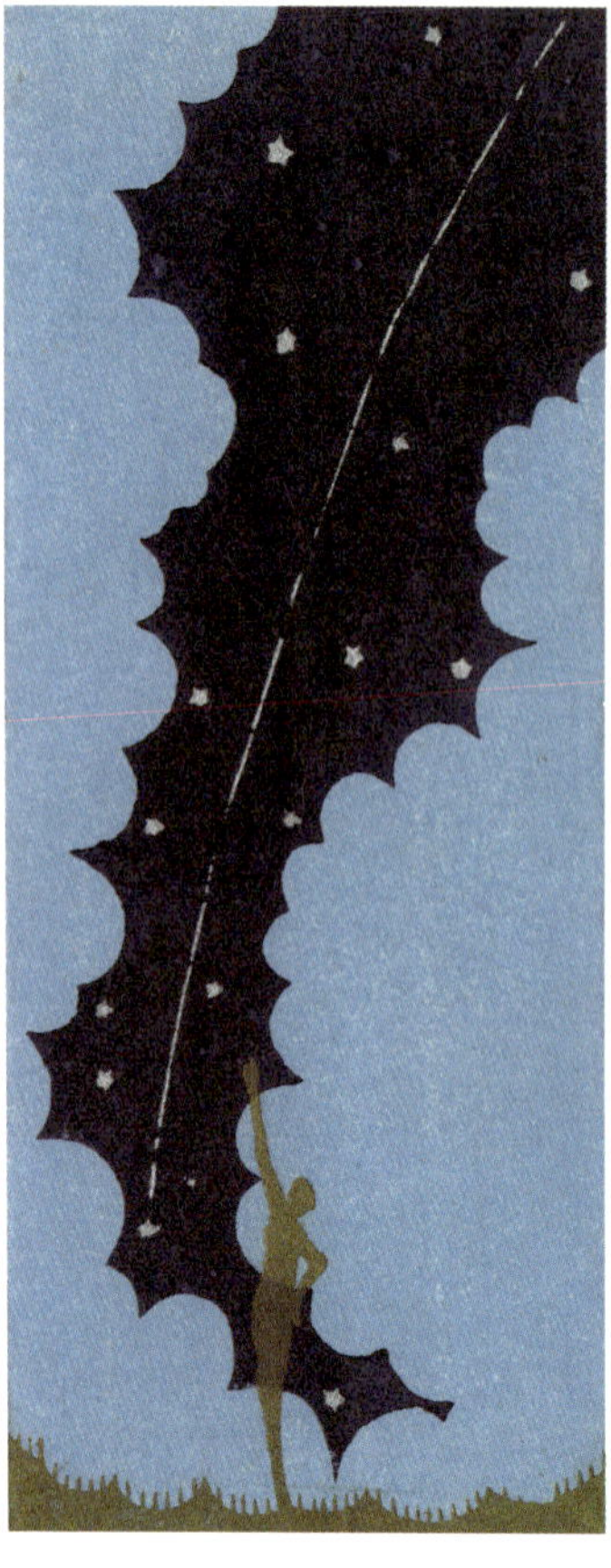

紐育行進曲

京都好み

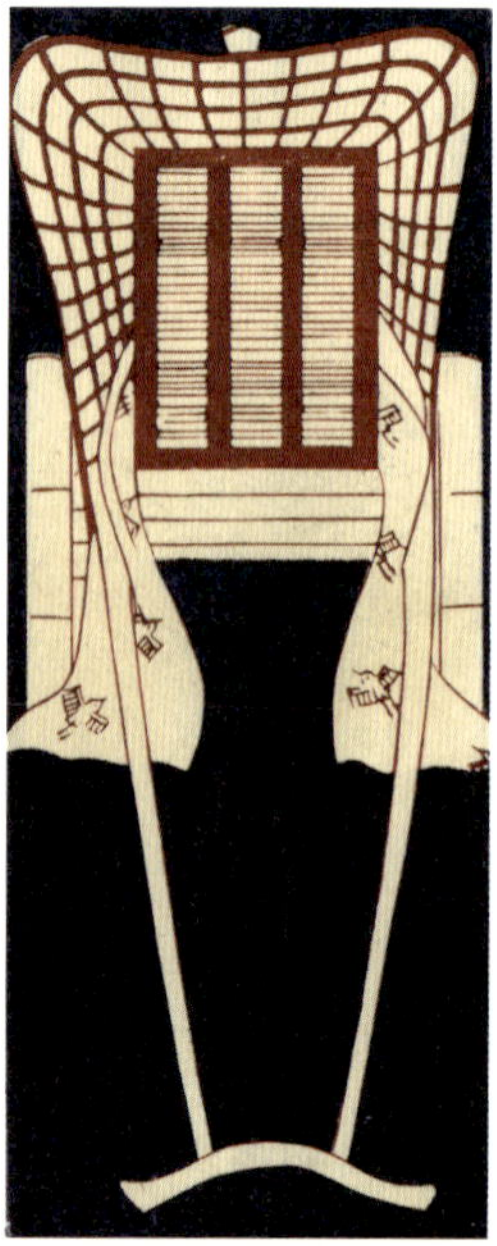

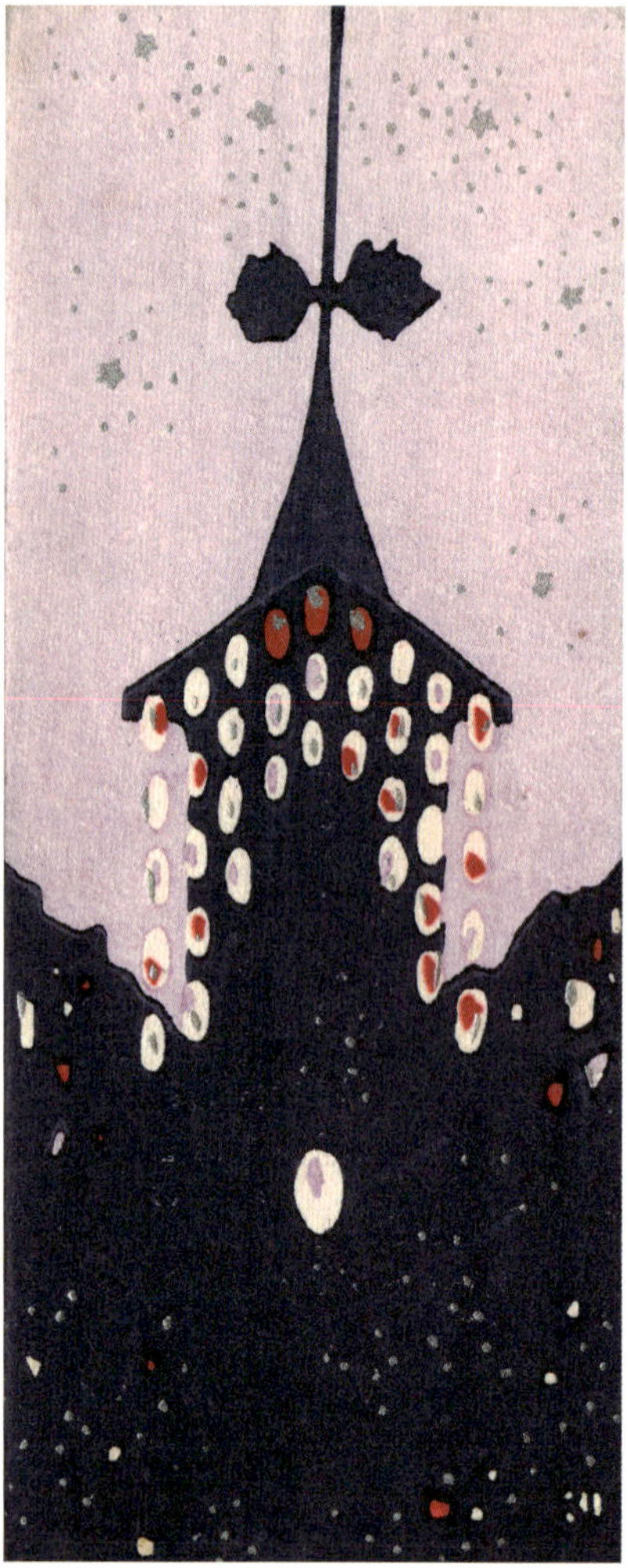

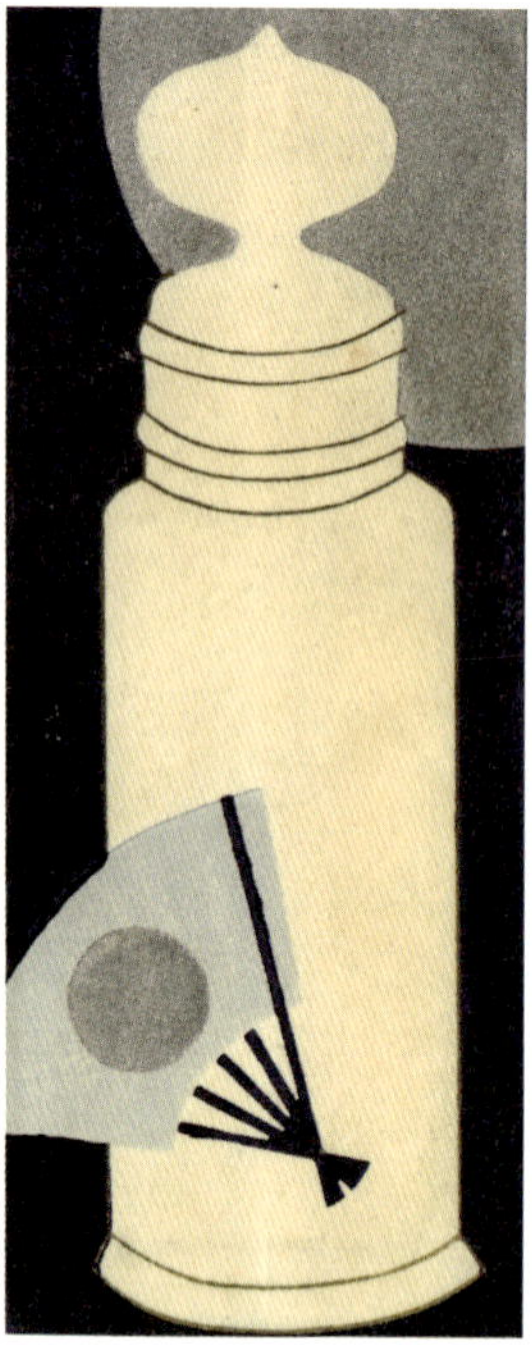

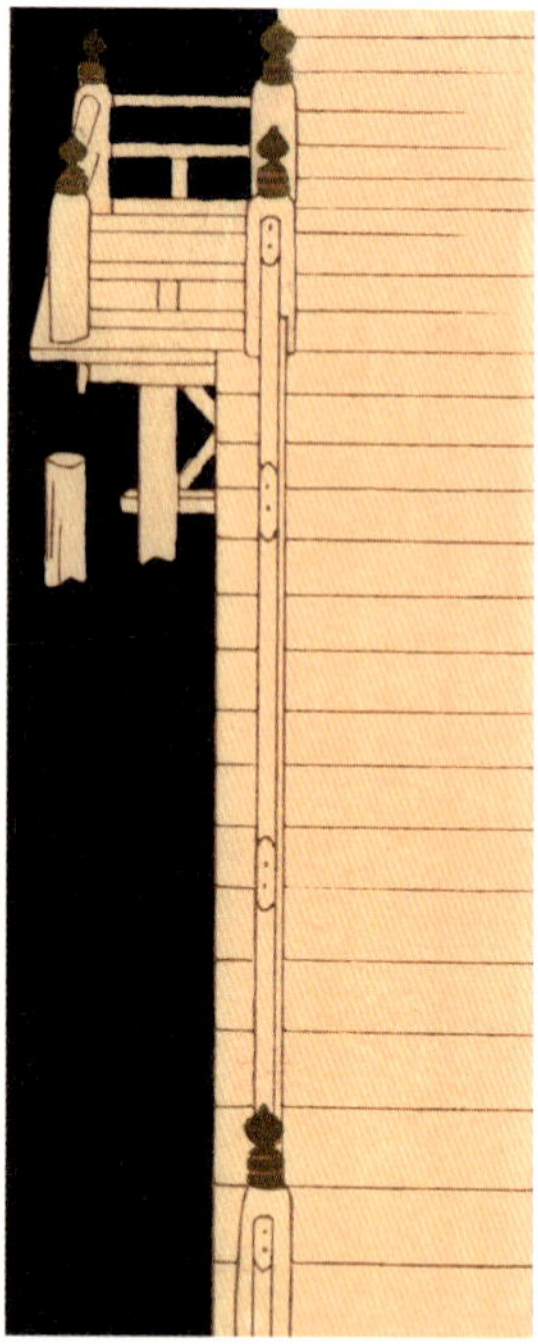

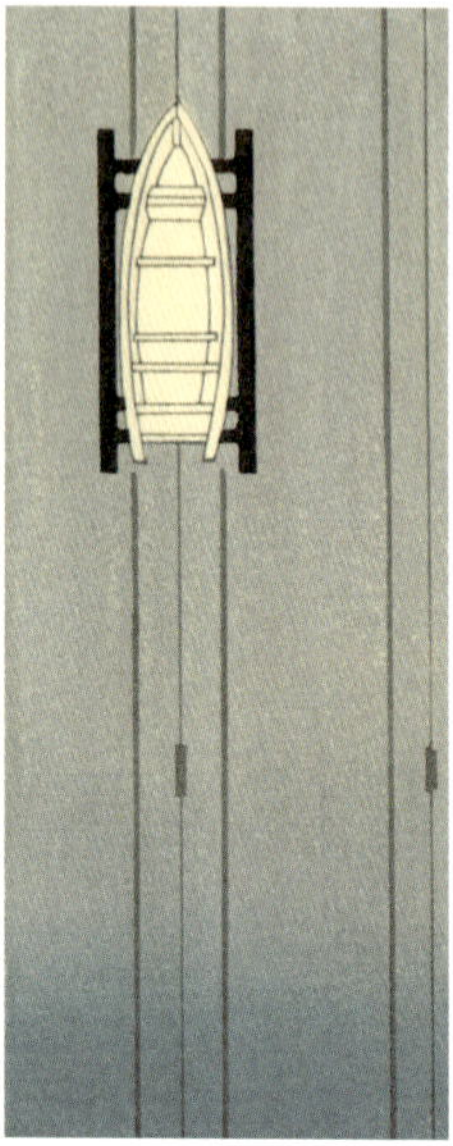

東山名所
清水寺

東山名所
加茂川

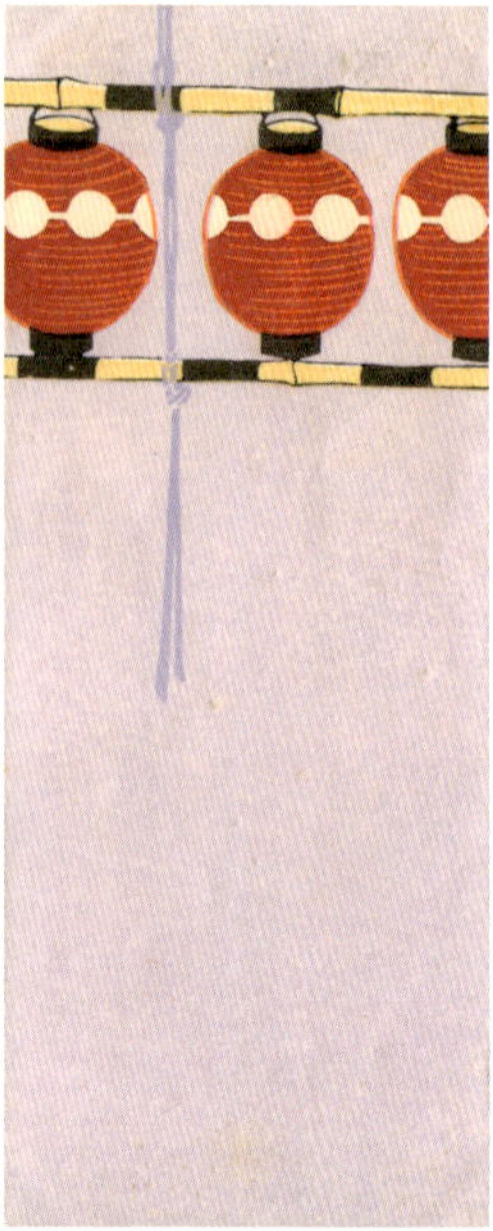
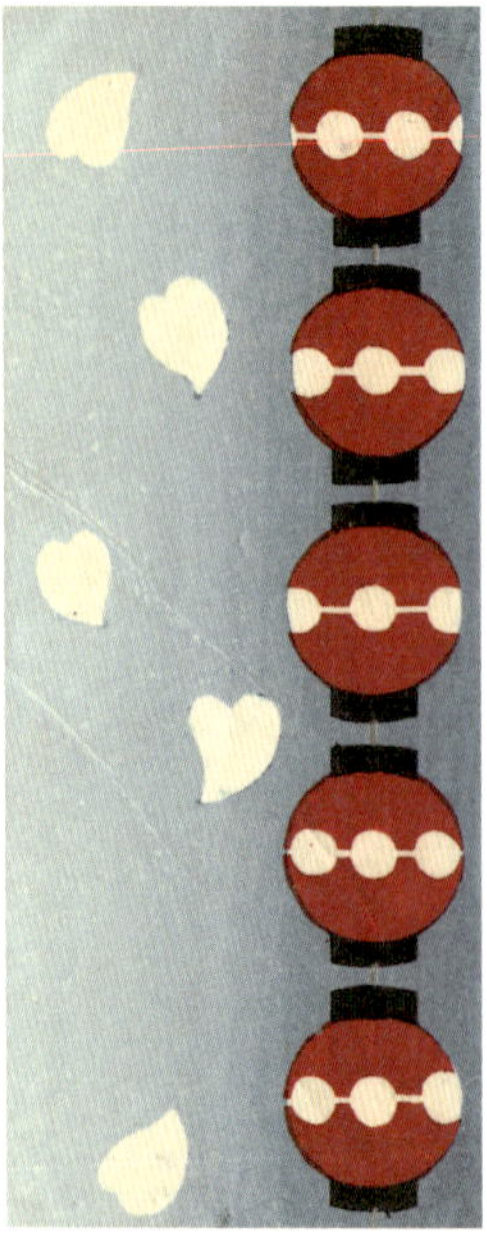

コラム

受け継がれる絵封筒コレクション

北島 都

兵庫県西宮市に少女の絵封筒コレクションが保存されていると聞いて、その来歴について話をうかがった。コレクションを保持しているのは、冨谷紀美子さん。絵封筒は、彼女の祖母・辰馬米子（たつうま・よねこ）さんのものである。

米子さんは、明治44年（1911）京都宮津藩主の家系に生まれた。東京の牛込や東中野の屋敷で暮らし、学習院に通う「お嬢様」であった。のちの西宮市長・辰馬龍雄氏に19歳で嫁いだ際に、このアルバムも関西に一緒に持って行った。散逸の危機に遭いながらも、米子さんの三男・勝さんや紀美子さんら家族によって大切に保存され、受け継がれたものである。

辰馬米子さんの肖像写真

表紙には「聚優」とある。「聚」は「あつめる、あつまる」という意味。優れたものを大切にあつめておく、ということであろうか。16枚の台紙を含み、絵封筒をはめこむことができるように四隅に切り込みがついている。3冊あるが、そのうち1冊の表紙に使われている布は違う柄だ。この種のアルバムは東京・銀座の文具店、伊東屋にて空の状態で販売されていたという証言がある。

大部分は、京都で販売されていた絵封筒と思われる。これらは、米子さんと仲が良かった兄・本荘正弘氏が京都帝国大学在学中に、お土産として買ってきてくれたものだという。中身は、「京名所」や「浮世絵」など、モチーフごとに丁寧に整理・配列されている。

晩年の米子さんは、アルバムをテレビ台の中に置いて日常的に見て楽しみ、家族にも見せていた。約20年前に紀美子さんがアルバムを受け継いだが、絵封筒は「現代と変わらない感覚を感じ、飽きない」「かわいくて癒される」と楽しげである。古いものが倉庫などに放置されず「日常づかい」され、

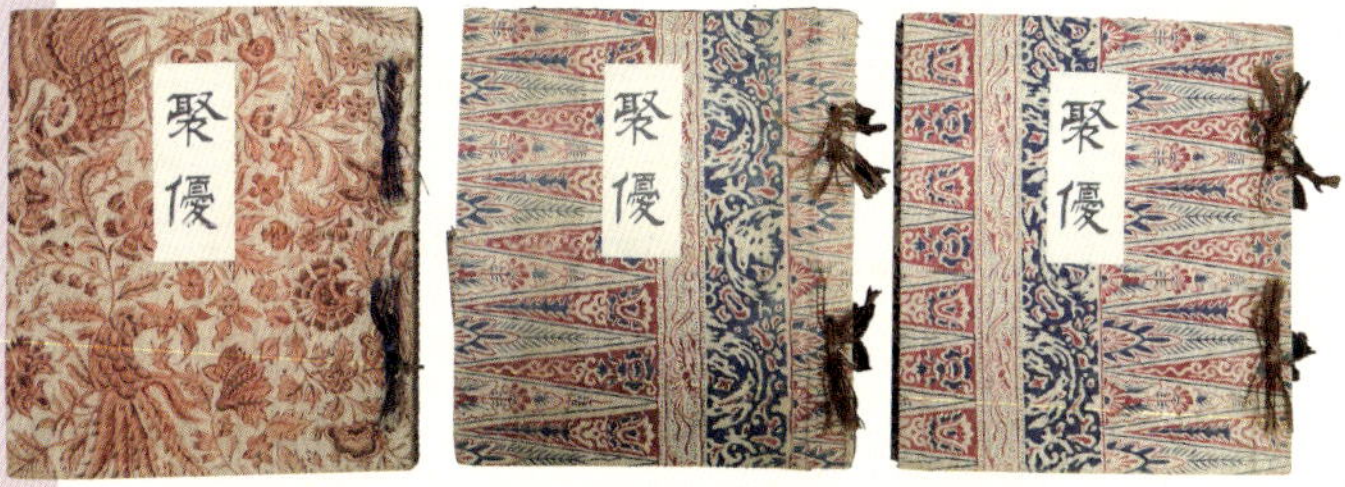

受け継がれた3冊のアルバムと震災の傷あともむごたらしいアルバム最終頁

しかもそれが次世代に受け継がれたというのは、絵封筒にとって非常に幸運なことであった。

約90年の間ずっと大事にされてきたおかげだろうか、阪神大震災の際には、倒壊した家から掘り出されてもいる。最終ページの裂けが生々しいが、本体は奇跡的にきれいである。紀美子さんの母・吉田久子さんも、米子さんの少女時代がつまったアルバムのことを、「震災を乗り越えて、よくぞ残ってくれた」と語る。

おばあちゃんっ子だった紀美子さんは、大学の卒業論文で米子さんの生涯をまとめたほど。琴や日本画、木彫りまでこなす多趣味でパワフルな祖母が大事にしていたコレクションを、これからも大切にしていってくれるだろう。

家族3代の共通の思い出になり、大切にされ、これからも人のそばで生きていくであろう少女の絵封筒コレクション。絵封筒や手紙は、送ったり集めたりすることで人と人をつなぐものだが、それだけでなく、辰馬米子コレクションは、時代をもこえて人とその思い出をつないでいる。幸せで稀有なコレクションのあり方を目の当たりにした機会であった。

便箋《びんせん》

もともと便箋には凝ったものが多く、文房の本来の筋からするなら、中国の紙で木版による罫のあるものを至上としていたようです。もちろん、男子の文人趣味です。この時代には、この世界を体現していた津田青楓などもいなかったわけではありませんが、もうひとつの女子の文化、「女とこども」の文化が花咲きました。紙も洋紙、印刷も当時尖端のオフセット印刷あるいは石版印刷。そこにはメルヘンチックな絵が描かれています。

用途も、昼の便箋と夜の便箋という住み分けがなされたりして、昼はあざやかな色彩の花、夜はモノトーンで影絵のような淡い刷り、そんな刷り分けさえしています。積極的に書き手の心情をたかめる工夫がみられます。児童雑誌、女学生雑誌、婦人雑誌の挿絵画家の進出もあいまって、この絵入りの便箋は人気をさらに高めました。

華宵便箋・表紙

絵便箋・使用例

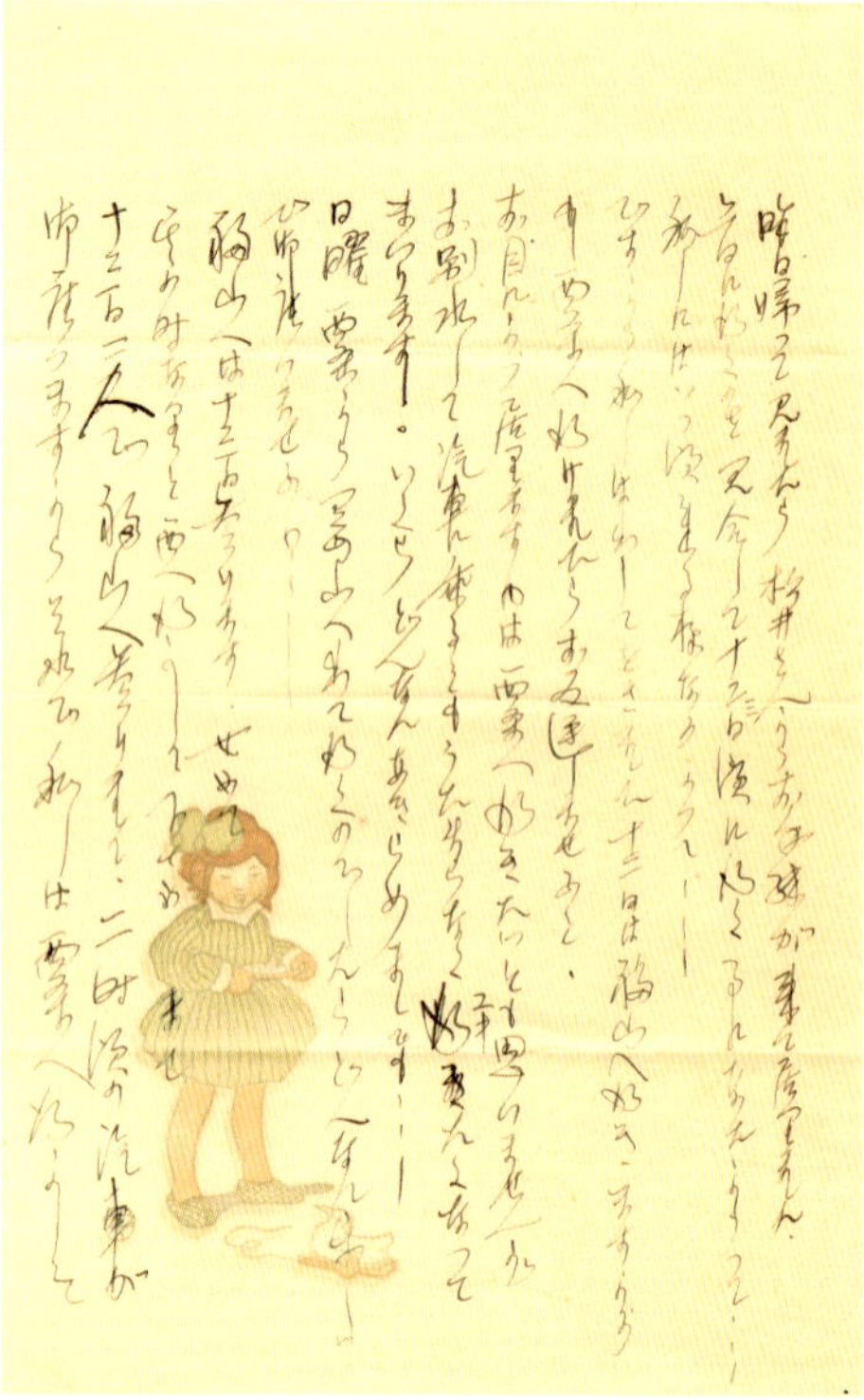

は、僕と云ってもボーラは四刻迎へるよりも言葉の
持合せがなかなかないので早くこの写真あなたが御覧
になるといいと思って居ります。　今でこそプライティ
ーがしてると思ってて、半分は夢で　そして
今日もすましたばかりのお床の中で。

あなたの
はつ子

もうすっかり秋、夜は草むらで虫が出盛り、吹
く風にも秋の感触が一ぱい感じられます
えんぎの窓にスイスイ飛んでゐる赤とんぼ、そち
らにいてもやっぱり同じ秋が味へるでしょう
今日は十五夜です　昔は今月見のオダンゴを作って
いたらしいのです　父はつりに参りました
では寒さに向かふ折柄　御体御大切に

敏久様へ

東うよし

実用便箋
No. 120

TM #519

12

TH #594
蜉蝣の唄
版画
京封筒
四十枚包

封緘紙

シーリング・スタンプ

「封緘紙」は手紙の封を閉じる「シール」です。日本では大正期にシールの製造が始まり、「シーリング・スタンプ（封緘紙）」という名称で紹介されました。当時の封緘紙は凹凸のある浮出し印刷で、裏面には切手のように糊が塗られています。

　大正の終わり頃には、鈴蘭や薔薇がデザインされた封緘紙が少女たちの手紙に使用されており、同時期の少女雑誌にも「切りとって、封筒の裏にお貼りください」として封緘紙の付録があったほか、掲載された少女小説の文章や挿絵に封緘紙をみることができます。

Seal
Seal
Seal
SEAL
緘
EALING
STAMP
Rose
緘封
EALING
STAMP
封
緘
Suzu
ran
Suzu
ran
Suzu
ran
Sealing
Stamp
Sealing
Stamp

Seal
封緘

第二章

エクリチュール

「わたしだけの」を信じて

・【 】内は編注です
・【表】【裏】は、それぞれ封筒の表書き、裏書きを表します。
・プライバシーに配慮して編集した箇所があります。

大正末から昭和の時代に、じっさいに使われた少女たちの手紙文をここでは紹介します。それぞれ、自分の敬愛する女の子に宛てた、生《なま》の手紙文です。

女の子たちのこの手紙文には、当時の少女雑誌などで人気だった少女小説の手紙文利用の影響や、ペン習字の練習帳の流行などがありますが、いずれも狭い世界、つまり、少女たちの秘密の花園の世界での、他者の入り込めない親密な人間関係の中での出来事です。それぞれ、ささやかな出来事をどれだけ心理的に、表現技術的に増幅していることか。それを聞き取ることがこのお手紙たちを読む、要諦だとおもいます。

ここでは、「咲子」「つや子」「みどり」という三人の女の子がそれぞれ中心（受け手）となりますが、その一人一人に、それぞれの世界が広がって行きます。送信相手は、わたしだけの何何様、何ちゃんなのです。その「わたしだけの」を信じてのさまざまなお手紙です。これらは、少女時代の記憶で、やがて成長すると忘れられるものですが、でももう一度、それを聞いてみようではありませんか。

（翻刻文は一部思惟的に省略等をした箇所もありますが、原拠をできるだけ尊重しました。表記は、送り仮名、拗促音も原拠に準じ、あえて統一はしませんでした。）

さき子宛

手紙一　近況報告

日常のやりとり。その中にも彼女たちの世界がある。近況を伝え合うことは、今の携帯メールの世界にも似ていないでしょうか。少女たちが交換した日常とはいったい何だったのでしょう。大正末から昭和の初めの少女たちの近況報告がここに垣間見られます。

ごうじゃ病気は？

【表】御咲の君に奉る　親展
【裏】二月二十三日　ちいちいより
・大正末～昭和初年ごろ、未投函
・封字に「夢」

お咲君!!!

どうじゃ　病気は？　もうえゝやろ
昨日奈良へ行ったよ　大変面白かった
三笠山の一番乗りはかく申す我輩也
えらいやろ　エヘン　こんなもんじゃ
それから面白くらぶをサンキユ
これはわての心ばかりのお土産やネ
とってんか　つまらんもんやけご
今日は暖かいネ　お咲君チト散歩
したら如何　御自愛なさりませい

アバヨ　ちいちい

お咲子君に

荒れすさんだ自分の心をもとの乙女らしい純な心にもどす事は……

【表】六月廿三日　東山にて　木久子

・大正末〜昭和初年ごろ、未投函

咲様　おたよりを有がたう存じました　いろ／＼と御親切におっしゃっていただきまして私ほんとうにうれしう御ざいますの　もっと／＼表面だけでもいゝ子になり度とは思っておるのですけど　どうしてもこれまでに荒れすさんだ自分の心をもとの乙女らしい純な心にもどす事は到底六ヶしい事なんで御座いますもの　こうしてもとはやり世間の荒浪を知らぬ幸福さを羨やまれた乙女で御ざいました希［け］ど　いつの間にか周囲の人々がこんな曲った心にしてしまったのだとさへ思ふ程それだけ紀久の心はひがみきっておりますの　どうしてこんなで御ざいませうか知ら

あの淋しいたま〳〵虫の音もきゝ得る様になった今頃の夜ふ希など一人ぼっちで夜っぴいき泣いてますの　そうして泣いて〳〵消え得ることができるもので御座いましたら　どんなに嬉しい幸福者で御ざいませう　でもやっぱし私はこうして世の中に生きて行かねばならないんですものね

一昨日もその前日もよいお月様を幸［い］清水におまいりいたしましたの　そうして只一人夕暗の中に消えて行く五重の塔の影など眺めては一人なみだぐましい気持で時のたつのを忘れてそれに見入ってましたの　次から次へといろんな事考へ出しますと一時の間もぢっとしておられなくなって　あこがれの死の國をどんなにかしたったた事でせう　晴れた夜にはあの東山の端から赤いお星様が招いて下さいますの　きっと〳〵母様だと思ってますの

あゝ母様　おゝしへ下さいませ　紀久のとるべき道を

咲様　菊は何故こんな人間になってしまったんで御ざいませう　毎日〳〵こんなにつとめていて下さる母様や父様にさへ感謝できないとは……

あまりに自分が省みられてなりません　もっと強くいゝ子に生きな［た］いのに

あゝ行ってしまひたい　あこがれの地へ

咲様　もう胸が一杯になってしまひました　何ももう書希ませんの　咲様　もう何事もあきらめませうよ　もっと〳〵広い世間には自分達より不幸な方があることを信じて　昨日も近所の方に誘はれて曲馬團を見にまいりましたの　本当に皆様迫［拍］手褐［喝］采の笑をもらしてらっ［し］ゃるんです希ご　どうしても菊はなみだなしに見られませんでした

あの十や十一の幼い子が毎日〳〵をみじめにぎゃく待せられてあの藝をおぼへたとかと思ひましたら　たった五十五十餞の見物料を得るために幾升のなみだを出して来たかしれないとこんな事考えましたら　どうしても見てられませんでしたの　六時までとか云ってました希ごもう二時ごろに帰ってしまひましたの　そうしてやっぱし一人ぼっちで静かな所へでも行って思ふ存分なく方がずっと〳〵よいと思ひました

昨日もお天気さへよければ東山の稚児ヶ池にでも行って久し

ぶりにあの辺の静けさが味ひたいと思ってたんでした希ご生憎の雨にやっぱり総てのものにまで捨てられた様な気がしました

でもたった一つ今の頃はあの方からのお手紙が来ないのがせめてものよろこびで御ざいますわ　もうこれ以上黒い影はのこしたく御ざいませんもの

いたつき易い乙女時代の心をもうしばし清いそのまゝで保ちたう御座いますもの　つまらない事ばかし書きまして　もしかしてお気にさわりましたら御免なさいね　こんなのすぐにお焼き下さいませ　お願いで御ざいますから　ね　きっとで御座いますよ

咲様　ね　どうぞ強いいゝ子におなり遊ばせ

紀久子より

おみやさしの咲子さま み胸に

【表】おやさしの咲子さま　み胸に
【裏】二月八日　　木久子
・大正末〜昭和初年、未投函

咲子さま
ほんとにしばらく御ぶさたをいたしておりましたのね
お許し下さいませ
毎日〳〵淋しい　物足らぬ日のみすごしておりますの
又風［風邪］を引いて苦しくてたまりませんは　だけ
どこゝ少時の学校でございますから　きばって登校はいたしておりますから御安心下さいませ
そして御本をほんとに永らくお借りいたしておきましてすみませんでしたのね

少女倶楽部一冊　坪田様が借［貸］してくれっておっしゃいましたので二、三日お借し申しましたの　お許し下さいませ

先だってから　おかへしに上がらねばと思ひ乍ら　体が苦しかったものですから　こんなに日のばしでおそくなってしまいましたの　ホントにお許し下さいませ

では今日はこれで失礼いたします

一度お越し下さいませ　必ゝ［必ず必ず］お話いたしませう

つや子宛

手紙二　「S」の周辺

舞台は大正末から昭和14、5年までの、京都府立の高等女学校に在学した女学生たちの間に交わされた手紙の中の世界である。

少女小説にはよく「S」（シスター）と呼ばれるほのかな同性愛的な世界が描かれる。その「お姉様」を中心とした、少女たちの小宇宙が、手紙により展開される。ここでの主人公は、みんなから憧れられた「お姉様」的存在の少女つや子。周辺の少女たちの崇拝の気持ちは強い。

卒業記念の写真を見て

【表】つや子様
【裏】八月八日　ふじ
・大正14年8月15日消印

暑中御伺ひ致します
此の暑さをうちやぶつて日々楽しく涼しい所であそんで又朝は一生懸命に予習復習をしていられるでせうね。
私はね宿かへでやゝこしくてなにもしてゐません
こちらは大分涼しいわ　けれども蚊の万匹これにはこうさんしましたの、近所の人にきくと十日程前に比べば大分へつたとおつしやつていられます
私ね今日卒業記念の写真を見ていままで近所であつて異学校の方々の顔を見てなんともいへない心が胸をおすやうになつてきましたわ
けれども市ちやんが同学校だからと思ふと市ちやんが胸をなでおろして下さるやうに思われました
市ちやんはもうおかへりになったかわからないからお家の方へやつておきました
後ながら皆様御元気ですか　暑さがきついと思ひますからお体をお大切になさいませ　皆様によろしく。
八月十四日
さよなら
市ちやんへ

同級生の品さだめ

【表】つやこ様へ　御前に
【裏】大正十四年十月二十五日　朝
てる子より
・大正14年10月25日消印

文章家　音楽家　音楽家　小説家
フミ　嘉栄　千代　愛子
つや　泰子　正子　富士
千代　みち子　夏子　幸子
すまし家　運動家　乗馬家
とよ　広子　ふみ　秀子
勉強家　おせじ家　目パチ〳〵家
アヤ子　貞子　道子　島田
べちやこ顔家
美代　栄子

ほんとにほんとにご無沙汰して

【表】つやこ様　御前に
【裏】てる子
・大正15年3月24日消印

おなつかしい　市ちゃんへ
ほんとにほんとに御無沙汰ばかりしてごめんね
市ちゃんの所もう試験すみましたでせうね。
私の所はもう十八日からお休みになつたの。
市ちゃんごしやうだからお遊びにきて
ちやうだいな。なにもないけれごほんとに
きてちやうだいな。小川さんとでもよろし
いわ　ほんとに何時でもよいのですから。
市ちゃん御病気ではないでせうね。
ほんとに市ちゃんに長い間おたよりをし
ませんでしたわ。私さびしくてたまらないの。

この間お友達とおべんとうをもつて動物園
へ参りました。市ちゃんとも又何時か
参りませう。比えい山も夜は美しくかゞ
やいて居るわ。それでもひえい山はさむ
いからね。それでは又いづれ

早々不一

さよなら〱〱〱
〱〱〱

愛する市ちゃんへ

三月二十三日

より

あたいね、明日、およめに行くの。パリのサーシャさんて方の所へ。

【表】つや子様
【裏】四月一日　あい子
・大正15年4月2日消印

つやちやん。あたちは怒つてゐるつて事はうそでないことないよ。あたちはね、貴女位行かなくつたつて平気だよ。発表見に行つたわよ。いゝ人とちやんとお約束がしてあるの。御所を散歩したわ。オヤ怪しからぬだつて。いゝ人つて誰だかおつしやいだつて。いやだわよーそんな事。たいがいわかりさうな事なのに。ＡＢＣ……を言つてごらん。其中にあつてよ。

そしてね、その方、すてきな方よ、ホワイトリリイと黒さうびとごちらの花束を上げやうつておつしやるの。あんただつたらごちらをもらつて？　あたいね、黒さうびなんてはじめて見たんでせう、だから珍しくつて、ホワイトリヽイの方もほしかつたけご（私よくばりねえ）まさか二つともなんて事もいへないから、黒さうびの花束だけもらつたのよ。うれしくつて、〳〵、キスばかりしてたわ。

大事に大事にして、花びらが一枚でも散つては大変と家へ持つて帰つたの。そしてね、それからが大変なのよ。

お部屋にはいつて、も一度花にキスして、おしやれしやうと思つて鏡を見たらまあどうしたんでせう。黒奴《ニグロ》の女の子の口びるのやうに口びるが真黒じやないの。あたいほんとにびつくりしちやつたわ。あんたどうしたんだと思つて？　それから私よく〳〵考へて見たの。だけどあたいの口にさわつたものは黒さうびの外にないでせう。不思議でたまらず、一生懸命に花を見てみたの。そしたらこれはマアどうでせう、黒ばらと思つたのは、普通のばらに墨がぬつてあるのよ。そしてあたいのキスした口びるの形がはげてるのよ。あの人、馬鹿にしてるわ。いやあだ、いやあな人。あたいあんな人きらいになつちやつた。これから絶交状を書かうと思つてるの。あんた五つ葉のクローバーさがしておくつておくれよ。そしたらあんな人よりずつと可愛がつたげてよ。

×

キユウちゃんのやつ生意気ね。一人で二人もSの君を作るなんて、あたいが一つ北海道の君につげてやらう。だけど私は別なのよ。あたいにはSの君二十七人bの君十二人あるのよ。ほしければ一人位あげるわ。もらいにいらつちやい。

あんただつてあるんだらう。はくじやうおしなさいよ。

×

あたいね、つやちやん、明日、およめに行くの。パリのサーシャーさんて方の所へ。新式で同性結婚なのよ。あたいが花嫁ちやんで、サーシャーちやんが女のおむこさんなの。うらやましいでしよ。オホンへへ…ホホ……

×

ちよいと、デンドロビユーム、聞いてごらんよ。暖かい風が何だかさゝやいていてゝよ。風はずい分おしやべりやねえ。ほら「紫の蝶子ちやんが紅いチューリップに熱烈なLOVEをさゝげて捨てられたんだって…。」デンドロビューム、貴女は蝶子ちやんが可哀想と思って？　チューリップはあんなに紅く美しいのにどうしてあゝも、冷たいんでせう。デンドロビユーム、あたしはベコニアはやつぱり貴女が一番いゝわ。ネコニアはあなたとお話してるのが一等幸福だと思つてよ。あたしのデンドロビユーム。

都子ちゃん私、何を書いてしまつたかわからない程よ。これじやうそつき日じなくて、でたらめ大会と呼ぶ方が似［か］よつてゐるわ。だけご私まだうそつきの練習が不十分なのでうまく行かないの。それで口から出まかせの出たらめを書きつらねて見たのよ。読みかえして見たらずい分おかしなものでせう。

出たらめっ子の　あいちやんより

うそのすてきにうまい　都子ちやまへ

それからね、つや子さま。これだけは真面目なのよ。うたぐつたりなんかしたらそれこそ怒る事よ。あのね足立さんが上京なさるんだつて。今月の十日頃に。だから何か記念の品をお送り致しませう。

何がいゝか考へてちやうだいな。私、うそつき日にこんな事書けば、うそと思れるからと思つたけれど、なるだけ早くお知らせしとく方がいゝと思つて、――ほんとにせつかくお友達になつたのに、淋しいのねえ。惜しいわ。

足立さんどうして急に東京なんか行かれる事になつたのかしら。お茶ノ水女学校か何処かへはいれたらいゝけれどつてお手紙に書いてあつたわ。K先生も天野先生も皆東京へ東京へつて行くのね。私も行きたくなつた。

九日の日はお別れやら何やら学校へ行くつていつてゐらつしやるから其時ゆつくりお話したらいゝけれど、貴女、お手紙お上げなさるんだつたらお所教へたげるわ。「京都市上御霊前烏丸東入」ですわよ。

去年の夏三人で遠足した事が思出されてならないわ。あゝエメラルド色。三人きりのエメラルド色。

淋しい　あい子

つや子様へ

毎日あなたの来られることをお祈りして待ってるの

【表】つや子様
【裏】1926. 6. 17,, 9. 3,, 25,,
・大正15年6月17日消印

御やさしいハートのつやちやん。御病気なの。お伺いすれば。何なの、おつむがいたいの？

あなたがね、学校を休んで以来お姉さんがね。

市ちゃんの病気をしらせるやうに、元気のない顔をしてゐられるの。顔色までかへてよく看護して下さるよい姉ちゃまね。

私もそんな姉ちゃまほしいわ……──

でもつやちゃんの病気もうすぐなほるでしよう
早くよくなつて学校へいらつしやい。

そしてあのきれいなバレーのサームをもう一度このあたしに見せてちやうだい。皆なが待つてゐるの。

もう愛ちやんからのあのお手紙もついたでせう。
あなたがいないと遊んでゝも勉強をしてゝもほんとに淋しいのよ。
……　まあちやんも渡ちやんも愛ちやんも、つやちやん——と、毎日、あなたの来られることをお祈して待つてるの。
今日は今日はとまつてゐたがまだお休なので今ちよつと　お手紙を。
ごうか御身を御大切に
ではこれで　さようなら
愛する友の　　♡サマ
つや子様　御許に　　♤ヨリ

真野さんがおなくなりになったさうです

【表】つや子様　御前に
【裏】てる子
・大正15年6月30日消印

市ちゃんへ

市ちゃんほんとにほんとに御無沙汰ばかりしてごめんなさいね私出さう出さうと思ひながらもつい書くのをわすれてしまつたの。ほんとにほんとにおゆるし下さいませ。

試験も近づきました。それと同じに夏休みもせまりました。私の所は七月二日から九日まで試験なのよ。けれどのんきぼうづでまだ何もしてないのよ。

あゝわすれていましたわ。真野さんがおなくなりになつたさうですね。おかはいさうにせつかく女学校へ入つておなくなりになつたとはほんとに残念な事をなさつたのね。真野さんのお母様もさぞ〳〵残念に思つていらつしやるでせうね。ほんとにおしい事をなさつたわね。

おさう式もすんだでせう。私参りませうと思つてゐましたのに何時かわからないので参りませんでしたの。

小川さんからきいてびつくりしましたわ。貴女小川さんとけんくわ［けんか］をなすつたさうですわね。小川さんがわるいならばゆるしてあげてちやうだいね。

市ちやんおねがいだから一度小川さんと遊びにきてちやうだいな、ごしやうだからね――

きつとよ。

私も一生懸命にピアノのおけいこをして居りますからきつと遊びにきてね――

てる子より
おなつかしき　市ちやんへ

たいくつで、ほんとにどつかへ行きたいですの

【表】つや子様
【裏】7.23夜　masako
・昭和2年7月23日消印

お手紙有難うございました。一度あんなお手紙を出した切［きり］で、もう書く気にもならなかったので、すみませんでした
ほんとに暑つくて寝むいのね。内にゐると体がなまけて仕様がありませんの。それで此頃は朝から昼まで学校へ行つてゐますの
其の方が面白いです。
私も泳ぎたくて仕方がありませんわ。貴女まだごこへもゐつてゐらつしやらないの。そして未だ当分

の間どこへも。私もわからないの。

暑つくつて内にいても、たいくつで、ほんとにどつかへ行きたいですの

又京都の中でもよいから行きませうね。そして貴女の方は涼しいでせうから南禅寺の方へ涼みに参りますわ

さよなら政子

あたしね、もうお手紙出したの

【表】つや子様　みもとに
【裏】4th August. 1927　京都にて
しげ子
・昭和2年8月4日消印

おつやちやん
あたしね、もうお手紙出したの
あなたの云つてもらつたまちがつたお所で
あなたおこつたものだから昨日来たらすぐ出しましたわ。
留［届］かないかもわからないわ。留くかもわからないし。
ごつちもわからない。
小夜子や紅子なんて何故書くの？
その理由いつてちやうだいな。
其の都合でいくらでも出しますわ。

お手紙ちやうだいつてあたしばかり出ささしちやいやよ。

あなたもごつさり出してちやうだいな。

此の写真［宝塚の舞台写真のある便箋使用］い丶景色でせう。笹原いな子があなたで天津乙女が久野 ｏｒ ??だつたらうれしいでせう。

御立腹なさつてはだめよ。お静かに。

でも天津乙女はかはい丶でせう。どう?宝塚はい丶でせう。宝塚党におなんなさい。

神戸へ行つたら宝塚はすぐ近所だからぜひお行きなさいな。

今月は月組だから天津乙女も笹原いな子も出演してよ。

では又後程。幸福に日々をお過しを祈りつ丶
さよなら

しげ子より

つや子さま

つやちやんはつやちやんは、すつかりセンチメンタリスト

【裏】つや子様　A

・昭和2年8月13日消印

つやちやんはつやちやんは、すつかりセンチメンタリストになつちやつてさ

阿いちやんは笑つてよ。真赤の水着にみどりのケープ着て物思ひにふけるなんて、大変詩的ね。「あわれ赤き水着の人よ」つてあくがれてる人があつたらお気の毒よ。

海の中で死の事なんか考へてるとフラ〳〵とひきつけられちやふ事よ。貴女が死んじやあたいが泣いたげるけど　だつてつまんないさ。やつぱし笑つてお話して遊ぶ方がよつぽどいゝわ。

今日はお腹がいたいの。でどうも書くのがいやだからかんにんしてね。

愛し愛される事はどうしても幸福よ。瞬間的でもいゝから心から

の美しい愛を持ちたいと思ひます。

愛するのとされるのとどちらが幸福でせう。するのは苦しいけれど　でもうれしい。

つやちやん、思ひ切つて誰かを可愛がつて上げちやどう。あたいが応援してあげてよ。この若い胸に美しい血のみなぎつてゐる時をずんべらぼうと過ごすのはどうも惜しいわ。

緋ダーリヤの様な華やかな黄ばらの様に床しい。睡蓮の様に可憐な思出の一つを残したいと思ふの。私の一番想ふのは「可憐」といふ言葉です。

心から愛する人があつたらどんなにいゝでせう。

くだらない事を書きました。御勉強をお忘れなくね

あい子

お写真まつてます

つやさま

新年おめでたうございます

【表】つや様　御許に
【裏】はつ子
・昭和3年1月2日消印

新年おめでたうございます

市ちやんおこたにもぐりこんでゐるのと違う？
お姉様とかるたをするの？
もうお墓参りすみましたの？
かるた会は四日からでしたわね　つい忘れてゐましたわ
私ね市ちやんに墨で書かうかと思つたのよ
でももう止めましたの　貴女が又ひやかすと困るから
このレターね貴女の好きな露草よ
お正月から淋しいと思つたけれど貴女が好きだから此れにしたのよ
此のお手紙が市ちやんのお宅について市ちやんにしらべられてゐる時
私はお雑煮をいたゞいてゐる時なのですわ

段々字があらくなつて来たわね
でもこれで許して戴きませうね
市ちやん　市ちやん
今日学校で会へるわね
どんな顔してゐるの　早く見たいわ
学校に行つてもすぐにお目出度う言はないことよ
鈴木先生に叱られたから
式が済んでからにね
　手がだるくなつたからこれでおーわーりー。
　つやちやんへ
ハーツーコー
末ながらお姉様によろしく

十七も2／365？ちゃんとすんぢゃいました。おそろしい事で御座います。

【裏】つや子様　ふみ子
・昭和3年1月3日消印

大へんしづかな二日の夜で御座います。

十七も2／365［日］？　ちゃんとすんぢゃいました。おそろしい事で御座います。

御正月をお姉様達とずい分おたのしくお遊びの事と思ひます。

私も今日はかなりにぎやかにすごしました。でも本当はあまりさわぎたくなかった　と思ってゐるのです。しづかな方がいまおちついて考へてずっといゝんですから。

十七のフミ子の顔を元旦の朝鏡で見ました。やっぱり十七の少女の顔でした。

たった一夜で――不思議な事だと思つて居ります。

十七を連続して御免あそばせ。あまりいふとおしまひにその双

［つ］の御瞳の中にあつき何かの涌く事がおもえてきましたのでもう打きりにいたします。

寺町の押小路でお別れして本宅へ行ってみいちゃんとあの羽子板でかはりばんこにつきつこしました。みいちゃんも羽子板がなかつたんですから。そしたら私が一回目に十九ついてみいちゃんは一つついておとしました。つぎに私がつづけて三十八までついてみいちゃんにわたしたらまた一つでおとしちゃいました。また私が三十八までついたら、またみいちゃんは一つでおとしちゃいました。何だかをかしくつて〳〵おこたのおふとんの上をころげまはつて笑いました。ころげずには居られないほど笑つて来ましたの。

それからあの紙風船をついたらまもなくやぶれたので角のおもちゃ屋さんへ行つて二つかつてきて廊下でまたしたらあまりいゝ音をさしてしまつたのでまた二つともやぶけてしまひました。御兄さんが年賀状をかいてゐらしたので切手の縁をとつてつぎをあてましたまたつける様になりました。

さつきお星さんをみました。お月さんも真上に出てましたの。冬の更けたお空は冴えきつてゐますのね。荘厳な感じがいたします。

今日みてきた神の娘［映画?］の小さい時の祈る姿が眼にうかびます。ほんとうに好きな子でした。かいチョリ［不明］。貴女ももうごらんなさつたでせうと思ひます。

今頃、何していらっしゃいますか知ら。はつきりわからないことをくやしく思ひます。

私これから日記をかいてねます。あなたもお休みなさいね、安らかに、高い〳〵所にはティンクル〳〵リッツルスターがまもつてゐてくれますから

ではグッドナイト

ふみ子

二日夜更けて

つや子さま

かあいそうにあたいのいゝ人を
たれがいぢめるんだろうねえ。

【裏】つや子様　四月三十日

・昭和3年4月30日消印

かあいそうにあたいのいゝ人をたれがいぢめるんだろうねえ。
でんごろびゆーむよ、でんごろびゆーむよ、あたいの。でもねあんまりお嘆きでない。あなたが静かにそして可愛らしく思つてゐてあげたらその人はきつと幸福になつてよ。そしていつか〳〵貴女の胸に帰来する日もあるでせうものを。けれどでんごろびゆーむよ、あんまり思つてその思ひを自ら深めきづいて行く様な事はなさらないで丁戴。君を愛すともいはで去りにし人の運命の去るべきものと定められてゐたとすれば、たゞそれだけの淡い夢とゞまつた事を。ぷりむらはあたいのでんごろびゆーむの事を親切に考へてあげるときやつぱりその方がよかつたんだわと思はづにゐられない。あたいのでんごろびゆーむよ。

ぷりむらばつかしがいゝ人を持つていゝ気になつて、人のことはおよしなさいつていふつて思はないでね。いゝ子だから。あたいはほんとうに真実でんごろびゆーむのことを一生懸命考へているつもりだわ。

あなたのお手紙の字があたいのお目々に伝はつて、それからでんごろびゆーむの気持はそのまゝそつくり感じられる様よ。そして今日は特別なの。だつてぷりむらまらこいでず［差出人］は、さつきさみしくつて泣いちやつたんですもの、昔ならつた歌をづーつと［ずーっと］始めから唄つていたらたえられなくなつて。

自分でもこんな〳〵泪がどこにひつこんでゐたんかと思ふ程、ほろ〳〵〳〵ととめごもなく流れおちて、声はふるへてもうとてもつゞけられなくて泣き伏しちやつたのよ。

そしてそしてもう思ひつきり泣いたの。京を立つ日から胸につまつてゐたものがすつかり流れちやつた。泣くのだつてやつぱし情熱よ。泪は尊い情熱の結晶だわ。でんごろびゆーむよ、君は泪をから〳〵に乾かしちやいやよ。でもね、人の前やなんかでめそ〳〵泣くのはいやなもんだな。

たとへば市川さんみたいにさ。あたいのものよ。いゝ子におなり。二人は意志のかたい子になろうよ。泪で人に同情を求めたり、負けて泣いたり、泣いて負けたり、みつともない事はしない様にしようね。そしてきれいに泪を流すすべを忘れない様にしようね。そして私達の理想は一体なんだろ。私達はいゝ子にはなりたいが、学校の模範生タイプなんざ、とてもつまらんね、いくらきばつたつてもういまごろからそんなもんになれる気づかいもないしさ。

あゝでんごろびゆーむよ、暗たんたる人生なるかな。でも生きぬこうよ。情熱も理性も共に激しいものに養ふ事を怠たり給ふな。

春は実になやましいな。ぷりむらなんぞはもうとき〴〵ごうにもならなくなつてしまふ。泣いた後、気をはらす為に散歩に行つた。とてもすばらしい小路を見つけたのさ。まだ知らぬ名の川にそつてづーつと〳〵長い〳〵白い道なのさ。片側には桜の木が植はつてゐる。水は大変なめらかだ。家はない、クローバや忘れなの花が一ぱい咲いてるの。そこをあたいはいつもつがひのつばめで歩く事は出来ないと思ふとさみしかつた。

ヴヰリリアンと呼んだけど君はあつちの方から走つても来ないんだもの。つまんないヴヰリリアンだ。おこつちやだめ、ね。

あたいはごん〳〵〳〵〳〵歩いて行つたの。でも一人ではやつぱし面白かあないわ。

「あゝあゝ…さま。白い君よ。遠い幻影よ。あなた一人を見つめてゐる頃はあたしも幸福だつた。清らかな心だつた。あゝなのに君は私を可愛そうに思つては下さらなかつた。あゝもう今はこんなによごれてしまつて、なほさら遠い幻の君となつてしまつた麗さま。」

でんごろびゆーむよ、あなたも苦しいしあたしも苦しいわ。

あゝあんなきれいなヒトがどこにあるでせう。京ならで。母校ならで。東路のこの学び家にさっても君に似通へる人だに見出し得ぬ悲しみよ。

あなたもおさっしするけれどもあたしもおさつし下さいつて願はなければならないのはつらい二人ねえ。その上阿たい「あたい」はもつとさしせまつたあの人の事をなやまなければならなかつたんだもの。

でも今日やつといつも変らぬ元気なお手紙くれたから安心したけれど。封筒の裏の津田××といふ字を見ると胸がきり〳〵と痛んでしまふ。だからそれもしばらく苦しまない。

こないだ書いたことはみな取り消しさ。道徳家なんかぢやないんだ。半分はね。組の半分はとても田舎ぺいみたいな人々なんであきれた。言葉だけ聞いてるとてもハイカラの寄り集まりみたいだからなほあきれた。石塚はオニから来たもんだからとてもみんなを征服してゐていばりなのさ。でしやばりであんまりいけすかない。後から見た時、最初おつうちやんに似てる様に思つてすきな気がしたのさ。

でもあんなものに似てはいらつしやらないさ。それから一番私に親切か珍しいから世話がやきたいのか（多分後の方だらう）スル〔駿〕河××つて人がゐる。先づ組一の勢力家らしい。実に紫の君つて感じのする、でも現代的の美人なの。「あの人は始めはとても親切だけど後になつたらわかるわよ。あのグループはとても悪いのよ」つてかげ口をついて私に忠告してくれた者もあるが、それ位は私だつて一番初めに彼女が私にものいつた時から考へてゐたさ。

でもごつか取りえのある人だ。昨日遊びに来たの。私はこゝぞと思つてうんと煙に巻いてやつた。清水で買つたドクロのヘビがずい分ものを云つてくれたのさ。京都の人はずつときれいだつて感心してたよ。きみ達の写真見てね。ちよつとローマンスをつける暇がなくつて残念だつた。

紫の君がゐるつて京の友に云つてやつたといつたら喜んで今日は紫のリボンなんぞむすんで来たわよ。SもLも持つてるらしい。ずい分玄人だ。

京の友なんぞの気持はとても複雑だけご、そしてみんな猛烈だけごお友達になると真実みんないゝ人だと話した。これはほんとうのこと。

「ほんとうにお友達になつて下さいね。私はお父さんがあんなだからひねくれてるのよ」つてしんみり云つたわ。危険な人物だがいゝ所もあるらしい。ちよつと面白味がある。きつと食べられぬ様にするから安心し給へ。

それからも一人話さう。これは私の前の席にゐる子だ。上品なおとなしい私の小学校の時好きだつたお友達の感じによく似てるんだ。名古屋から移つて来たさうで、ちよつと意志が強さうでないが、可愛いゝ人なの。

一番好きな気がしてゐる。もの云ひたげにいつもほゝ笑えんでゐる人だ。クラスSになつてみやうかといふ気がおこつてしまふ。もしなつたらしらす［知らせる］わよ。それからこれはおもしろいの。副級長の君なんだがね。去年組のお金を持つて女優志願と来て京へ逃げたんだつてさ。

マキノ輝子にお熱を上げて柄でもない、行つて門前払ひをくつて桜木梅子にお説教を聞かされて帰る汽車賃が不足してずい分こつけいなのさ。

でも誰にでもすかれてゐるいゝ子なんだから面白い。作文なんかゞ上手ださうだからわかるわよ。とても京にあくがれてるらしいの。

五年ぽは田舎ぺばかりの様であかんが下級には生意気なのがゐるよ。一人見付け出してもいゝが先づ下手をやらん様に要心［用心］してゐるんだ。

そして先生は察した通りステキ（？）さうなの。四ツ帯クローバを三上先生（体操の）にもらつたとかもらはんとかさわいでるわよ。面白い。あたいももう一週間ずい分おとなしくしてゐたからこれからがんばるわよ。一人だとなんぼ気を張つてゝも陰うつになつて京の空を見てため息吐く時もあるわ。

でもこれは私に禁物なの。昔のあたしなら甘んじてこの態度を取つてぶつてたかもわからんが、そんなにしてると損だし、それから陰うつ症になつてはあたいのものが可愛相だからよすの。でも気を張つてるのは悲しいものよ。若松さんがつくづく可愛相になるわ。あなたも少しは親切にしてお上げよ、いゝ子なのに。

いぢけさせては罪じやないの。バスケットのチームへ入れといふからそのつもりでゐるがおかしなこつたな。笑つちやだめだ。これでもきばつてすればとても上手にするんだわよ。

けごもぷりむらは胸になやみが積つてゐたからとうしても暗くならざるを得ないわけさ。で、みんながおとなしい人だつて思ひ込んでるさうでちよつと困つた。みんなが世話やいてくれるから、まさかつゝけんどんな顔も出来ないし。つや、あたいがこのさきごんな風にすればいゝか教へてくれ給へ。今が一番大切な時らしいからね。

それから遠足のときくれた寄せ書きとてもうれしくつてならなかつた。ではつや、すこやかに心をはぐゝみ給ひね。しいづかにその人を思つてゐておあげよ。ぷりむらはいつもわがヴヰリリアンの幸を祈つて共に喜ばうと思つてゐるのさ。

学校の消そく［消息］をまたねがふ

ぷりむら・まらこいでず

あいする
でんごろびゆーむヴヰリリアンの
きみに　まいらする

広い御園にたゞひとり不運な花は残される

【表】つや子様　みもとに
【裏】1928. 5. 5.　from, Chiyoko
・昭和3年5月5日消印

洋子ちゃんのつや子ちゃんに
洋子ちゃんはもうお変りになつたかしらないけれど……
つや子ちゃん、私はお人形を作る事をお約束しましたわね。御免なさい。昨日も一昨も遊んでしまつて。…明日の日曜こそはこさへて学校へもつてまいりませう。
毎日々々遊んでばかり。勉強するのがいやでなりませんわ。
私は一人ぼつちになつちまいましたの。みんな〳〵私を一人二組にのこしてしまつて四組へいつてしまひましたの
　きれいな花はA様に
　香のよい花はB様に
　広い御園にたゞひとり

不運な花は残される
私はしよんぼり立つてゐる
そして何時も泣いてゐる
寂しい思ひに疲れはて
涙の色に×××××［不明］
若い生命は過ぎて行く

つや子ちやん、私もお花のやうに一人ぼつちですの。おゝ私は忘れてゐました。貴女の親愛なる和子の君に忘れな草のお礼を云つといて下さいね。

では又月曜日にお目にかゝりませう。

さよなら

千代子

○○のつや子ちやんへ

相変らずうそばつかりつくのね。あきれるわ。

【表】つや子様　みもとに
【裏】1928.7.18　a.m 8 write
yoshiko

・昭和3年7月消印
・封筒と中身が別に保管されていたため、組み合わせ不明

市ちやんお便り有難う。相変らずうそばつかりつくのね。あきれるわ。二千人なんか皆あなたの者よ。二千人知つてるくせに知らないなんて云ふのね。皆あなたの家へ行くんですもの　きつと皆まゐつてるのよ。悲観したわ。皆市ちやんにまゐつてるんですものね。九月になつても朝逢はないわ。皆おそく〳〵行つてきつと市ちやんと逢つてるわ。淋しいわ。

六月頃でも朝千人程しか逢はなかつたのよ。他の千人はきつと市ちやんと逢つたことよ。それで市ちやん何時でも遅刻したのね。時には一時間も欠課したでせう。きつとさうよ。あの時から市ちやんに半分はまゐつてたのよ。

それに今では全部よ。市ちやん中々すばらしいのね。市ちやんなんか皆取り上げ

てしまつたのですもの。私ほんとに欠乏して淋しいわ。今は一人ぽつちよ。もやして下さいね。あなたがたとへかへして下さつても二千人なんかもう私の所にこないわ。市ちやんがシャンだしね。

私何も二千人ないし先生に守られなくつてもよいわ。私にまゐる先生なんてないしね。そらきつと市ちやんのことよ。皆市ちやん自分の事云つてるのね。市ちやんなんかシャンだしすぐ皆まゐるよ。大丈夫よ。どの先生まゐらすつもりなの。原？それとも工藤を。市ちやんなんか幾何はよく出来るし地理の先生原をまゐらさないとだめよ。

私になんか二千人はおごらないよ。市ちやんにおごつてるわ。それで市ちやん私におごつてね。夏休みにおごつたげると云つたし二千人におごつてもらつたらすぐおごつてね。ほんとによ。

私なんか二千人のお手紙なんかもう書かなくてよいしいいわ。今度あなたが苦しむのよ。うれしいでせう。

郵便局ね。あなたのおつしやる通りよ。それで私の近所に立ててもらつたの。けれど今はもうない方がよいのよ、あると二千人のことを思ひ出すしね。あなたにとられたことを。もうすぐ南禅寺にうつるのよ。

私がね昨日お二階で勉強してたのよ。お昼。そしたら何だかわい〳〵といふ叫び声が聞えたの。何事かと思つて外をのぞいたのよ。

そしたら郵便局が騒がしいのよ。それで走つて見に行つたのよ。二千人が居てね。この建物を南禅寺にうつしてくれとさわいでるのよ。

もうすぐうつるよ。夜になつてもさわいでたわ。あなたうれしいでせう。

私なんか羨ましいばかりよ。

市ちやんなんかずるいよ。自分が私の二千人取つて私を冷やかすのですものね。私なんかつまらないわ。ただ市ちやんが羨ましいばかりよ。

今日はこれで失礼よ。朝よ。まだ八時頃よ。朝から市ちやんにお便りかいてるの。二千人取りもどそうと思つてね。

市ちやんこそ二千人からくるお手紙なんか返事かかないで私に便り下さいね。

二千人ばかりに上げたらいやよ。私待つてるわ。くるのがおそかつたらきつと二千人ばかりに上げてるのだと思つてゐるつもり。それとも〳〵逢つてお話してると思つてるよ。

ではこれで　さよなら

二千人を取られた　淋しきよし子より

二千人を取り上げた幸福なる　つやこ様へ

ギルバちやん
長い間出さなくてかんにん

【表】つや子様　みもとに
【裏】七月二十一日夜　しげ子
・昭和3年7月21日消印

ギルバちやん長い間出さなくてかんにん

これからはほんとに毎日出しますから。どうかそんなに噴がい［憤慨］なさらずに。それでもあたしはあなたに感謝してゐるのですから。此の間からいろ〳〵とありがたう。洋服うれしくつてたまらないの。ましてて我が愛するギルバちやんがこしらへてくれたのだと思ふとそゞろに涙が出るくらひ嬉しくつてしかたがないわ。お婆さんになつても着てやうと思ふのだけれどきられるかしら？

またこしらへてくれるわね。あたしの為にアーレンの為に。一緒にこしらへませう。あんたの出来て？　一しよにきていつかどつかへ行きませうね。ギルバちやんとアーレンとお手々つないで。これをよんであほらしいとなんか思つちやいけないよ。成程と思はなくちや。さつきお菓子送つたわ。七味を入れて果して結果はどうでせうね　七味はいゝけれどプロマイドがおしいわ。あげなければよかつたと思つてゐるの。

机の上のギルバちやん　どう？　もう百回ぐらひキスしたでせう。アーレンにしたらいかんよ。そしたらあたしもギルバにするから。

二十三日にすまに行く時送つて行つて上げてもいゝが　あなた一人と違ふからちよつと行くのよすわ。そのかわりお手紙差上げます。だから須磨の海からもおたより忘れずに　きつと。

写真もたのみます。ギルバのものにしないでアーレンにもわけて下さい。

今ソプラノをきいて来ました。あんたもたぶんきいたと思ひます。からたちの花を一緒に歌ひました。さぞアーレンのもとまできこえた事だらうと思ふと満足の至りです　あなたもお得意の歌でもはるかギルバちやんの所にきかしておあげなさい。今頃ギルバは一人淋しがつて居るだらうから、安心しなさい。ノータルは今お使ひに行つて留守ですから。

今夜は大変いゝ風が吹いて大へん涼しいです。昨日かまれた蚊の古跡が赤くのこつてゐます。昨日の今頃は丁度蚊を五匹殺した所ぐらいでせうね。昨日はおそくなつてごめんなさい。うちへかへつてしかられちやつたわ。でも自然がそうさせたのだもの、しかたがないわ。そうでせう、讃成してちやうだい、アーレンの為に。

アーレンとギルバとはそりや仲がいゝのよ。よくお互ひに助け合つてね。兄弟以上なの。だからこのあたしにも親切にしてくれないといけないわ。

ねーぎるちやん。そしたら、この間のお礼にこんごはおうごん三つおごるわ。

ぢや又あした出すわ　だからあなたも

ぢやさよなら

しげ子

愛するギルバちやん

昨夜近所の海軍大尉の方をひつぱつて来て

【裏】つや子様　親展　とみ子
・昭和3年7月22日消印

今七時廿分すぎだ。今おきた所。

昨夜近所の海軍大尉の方をひつぱつて来て、麻雀をやつてたから今朝はこんなにねぼーした。

海軍大尉はみんな妻子がある。ぢやなかつた一人の方は出来かけだ。十月に生まれるんだつて云ふ。だから奥さんは今ｉｎ腹プク　ｂａｂｙだ。

もう一人の方は二つになる赤ちやんがある。〝ヒサシ〟つてお名前だ。色が白くてかはいゝ顔してる。頭の毛長くして、赤いおべべ着てると、まるで女の子だ。あたしは女の子だと思つてたよ。そしたら違ふたんや。

毎日どうしてるんだ。

こつちは梅雨の逆もどりだそうで、こつちへ来てから七日目になるのに残念ながら逗子の海へは一回も行つてゐない。

Tは廿米泳げると云つて喜んでゐたつけ。
あたしは先づ一米かな。実にお恥しいことでござる。
あなたは？　なんて失礼な。
そんな河童のまねみたいなもんなさらないわね。
美しい日傘さして浜辺の松風に吹かれてゐらつしやる位が関の山だしね。
何だか朝つぱらから変てこな話になつて来た。
京都のこともしらせてくれやい。いけづやなー。

廿一上げるにしちや十位、せめて十位くれなきやいやだ。
そうでなけりやいやになつた。だつて手紙かく材料がないんだから。
十位もらへば、そん中から又手紙かく材料が出てくるかも知れないんだもの。
こゝの所よーくお考への上、どうぞよろしく。

マドロスと知らず妻子はなりにけり。

これなんだか知つてるけ？
知つてたらえらいや。

失礼だがもしわからなかつたら、あなたのかしこい多くの従兄にきいてみな。
たくさん従兄がおいで遊ばすからその中の一人位御存じの筈だと思ふ――さかいにな――
今日の所これでおしまひ
あんたいけづ　イ――イ――
とみ坊主、生
ツヤッペ

［欄外に］
マドロスと知らず――つて云ふのは三人の人以外にきいちやいかんよ。三人にきいてわからなければ
あたしが云つて上げらあ――

水死人が毎日あるなんて

【表】つや子様
【裏】7・31　まさ子
・昭和3年8月1日消印

つや子さん　ほんとに京都へ帰へつてからは雨降らずで暑つくて平こう［閉口］ですわ。海のない京都は夕方だつて風は少ないの
水死人が毎日あるなんて聞いたら気持悪いでせうね
やつぱりボートが気になるらしいのね。
昨日八瀬へ行つて来ましたの。小さなボートが浮んでるでせう。一人で漕いで見たかつたわ。でも下手。
ちつとも漕いでないもの。あなたがお帰へりになりましたらお上手なのも見せてもらひますわ
きつとよ。
トランプなんかして遊んでゐるあなたがにくらしいわ。
毎日平凡で遊ぶ人がなくつてしようがないの。

毎日昼食をしてから夕方まで寝てゐるの。でも勉強なんか一つも手をつけてゐないの。あたしもほんとにこまるのよ。でも「よく遊べよく学べ」だもの。

よく遊べないもの、よく学べないぢゃないの。で貴女に一つおたのみがあるの。きつと聞いてちやうだいね。

一生のおねがひだから。わかつてゐるでせう。

何時も浮［うき］にすがつて沖へ出るそうね。面白そうだわ。

あたしはまだ遠くへ行つたことないわ。

では流されないやうに

まさ子

つや子様

香人形ににた洋子姉様すてきね。

【表】いとしきひとに　まゐらす
【裏】如月の夜に　よう子
・昭和3年頃

つやちゃん
怒つた？
とう〳〵取つて見てしまつたの。
素敵ね、とっても…………
洋子姉様ね。

我求めぬ　幸を…
香ゆかしき　きずいせんの花
我ほゝえみてとけさりぬ
べにさうびの花
かく　花のかたれる言葉

我に幸送り来ぬ……洋子
　ウフ……ステキね。

マイモーストラブリットルシスター
　ツヤチヤンですわね。
　この詩でわ。

香人形ににた洋子姉様
すてきね。きつと〳〵美しい方でせうよ。
　ウフ……

これからたんけんしますわ。
きつとあたしの学校の人よ。
今年卒業する人よ。きつと〳〵
　夕べほのけくスクールで
さびしくないたあの人を
今宵さびしく思い出す。

去るのはいやだ、あゝ去るのはいやだ。

あんしようしてしまつたあなたの此の詩。
　　これからたんけんしますわ。

上がきね。一寸洋子姉様のまねして見ましたの。
　　では又ね。　さようなら　ボンボモイア――。　笑
　　　　　　　　　　　　　　　　　　ひさ子

洋子姉様の愛をうける
洋子姉様のリットルシシスターに――

ローレンスの君 御手紙有難う

【表】女学校　五年生徒　　つや子様
【裏】二十八日　　あい子
・昭和4年7月30日消印か

ローレンスの君　御手紙有難う。毎日〱目玉の為に高熱五千度で焼けたゞれそうな日を送ってをります。

とても物すごいです。活動写真を見ているより連ぞく的にいつでも〱やつてられるんですからたまりません。

二十三日は父母が京都へ帰つて私と河瀬三郎なんですからとても〱後はお祭し下さい。

今は弟と其の友達二人と友達の××さんとひさちやん、兄と私です。

皆目玉の為にフラ〱になつてをりますが私の何でもない事は御わかりでせう。

こんなにフラ〱でも皆大元気です。

ホームシック何て言葉あつたか知らなん［ない］で云つてます。

ローマンスの君、あんたは今頃どうしてんの、如何なるローマンス？

美しい緑の中に青白い顔をした君等と、太陽のヂリ〳〵照りつける白い砂に真黒な顔をして鼻の先とかたをむいている我々。

随分なちがひですね。

若松のぼつちやんホームシックで泣き出したんですつてね。ローマンスがあまりいぢめるからよ。

ぼつちやんもこちらへ来たら皆強く〳〵してあげるのにつていつてゐるのよ。

高熱　如何なる強き高熱にもたえられる――。自動車の衝突でもゲラ〳〵笑つてられるの――。

でも勉強は何もしてありませんの。毎日それを思ふと悲しくなつちまふんですわ。

そのくせちつともする気にならないで本を前にして悲し

がつてをります。
今日はスロープのなほりたてで早速海へ行こうと思つてます。
温度は高くてせみ公がみん〳〵云つていますが海風が吹いて汗が出ません。
目玉は今キャラメルを食べながら新青年の恋愛何とか云ふのをよむで［読んで］います。
とても手におへません。私も一寸教授してもらふと思つてます。
ではぼつちやんにも皆さんにもよろしく。
ぼつちやんをなぐさめてあげて下さい
ではさようなら
たぬきとやらの君の　つやつぺ　様へ
アイ

あなたLoverあつて
あるならあるつて今度書いて下さい

【表】つや子様
【裏】ひさ子より
・昭和4年12月28日消印

市公

楽しいクリスマスを如何御過しでしたか
私は無論すばらしいでした（えへ、と笑つてはいけません）
愛子嬢もステキです　野沢の君が来て居られるのですもの
おかげであたゝかいクリスマスでした
二十五の夜　皆と都ホテルへ行きました　夏川静江、中野英治等が来てダンスもして居ました。

昨日大阪の松竹へつばさを見に行きました
図司さんと野沢さんも来て居られたはづでしたが会ひませんでした

もうすぐお正月ですね　嬉しいわ　毎日かぞへてゐます
もう四辺ねればいゝのです
そしてすばらしかつた私の１９２９年もすぎてごんな１９３０年が私の胸に
やつて来るでしやうか
市ちやんはごう思つて

二十六日　私のお父さん俊平はんの所へ行きました　そしたら学校で何かやんち
やしたものがあつた時　その中にきつと私がはいつてゐると言われました
そして自分のきらひな学課の時は「先生て何しやべつてゐるのやろ」といふ様な
顔して横むいてゐるのですつて
面白いでしやう
もつと面白い事あるのですけれども今度又お話しします
私今いゝ事考へてゐます
あてゝごらんなさい

こゝから遠くに海が見えます
けれどおよぎたい様な気持にはなれません

市ちやんお手紙下さい　けれどあんまりすごいこと書いたらだめですよ
私のハートが破裂してしまいます
（このレターペーパーいみしんでしやう）

ではさようなら
ひさ子

あなたＬｏｖｅｒあつて
あるならあるつて今度書いて下さい
そしたら私の手紙の書き方を変へなければならないから
私はないつもりつて書いて下さい

今日やつと、あの人お手紙下さつたの。

【表】つや子様
【裏】九月二日　まさ子
・昭和5年9月3日消印

前々から書いといたお手紙出さう〳〵思つてゐる中にこんなにたまつてしまつた。おこらずにね。

もう今頃おこり出してぷん〳〵してゐる時分だろとは思つてるの。

修業式も二十日の日にすんぢやつたんだけど、こんどはとてもお点がよかつたのよ。五番以内になれてるかもしれへん。

五年坊にいよ〳〵なるんだわねえ。そしたら私うんと勉強するわ。そしてかねてからの望みかなへて見せるわ。一番で卒業するのよ。こんな学校つまらへんけどでもきつと一番位なつて見せるの。

（卒業式の送辞とかいふ奴、私が書いてやつたのよ。来年はきつと自分で答辞をよんでやるわ。しかしこんなこと私が言つてるのないしょよ。てれくさいから）

ねえつや子ちゃん。今日は春で大変大変いゝお天気で気分がうき〳〵してよ。

浮間ヶ原へ貴女と一緒に桜草でもつみに行きたいわ。去年奈良へ行つた頃かしら。五年坊になるの心細いわ。どうしようと思つてんよ。

でもうんといばりちらしてやらうかしら。

あいは送別会の日、英語劇やつたのよ。面白いの。

卒業式の時ハみんな泣いてたわ。五年の人達。

三年の噂にもれない連中達はね。真暗になるまで五年の人達をつかまへて泣いたのよ。

こんなのそちらの学校とちがふ所ね。

美斉津さんの為にはね、たくさんとても泣いたのよ。

それにあの人つたらやはり冷然としてゐるの。

女子大学落ちた時はあの人でも泣いたそうだつていふけど、けれどつや子、私は大変あの人のことを見間違へてゐましたの。私の考へが足りなかつたの。

私の考へよりももつと〳〵やっぱり深い人だつた。

まれにすぐれた人だつた。

今年になつて私はほんとにあの人を好きになつたんだけど、この間の日の朝直接、あんな事言つてから意地も何もくぢけてしまつて絶対の君と愛したの。

京のあの方の影と合せて只あの人を絶対としてしまはずにゐられなかつたの。ほんとうに一年がゝりだつたわ。

お手紙出したのは六回、高まんちきな心にさからはないやうへりゝ下つて熱情をこめて書いたのに

そして私みんなから今でも珍しがつて興味を持つて素的［敵］に視られる人間なのに、あの人つたらまるで見むきもしないんでせう。口惜しかつたけどじつと忍んで此頃では本気で純情をさゝげやうと思つてたのよ。あなたも知つてくれるでせう。所がね、とても〳〵絶望だと思つてたのがね、今日やつと、あの人お手紙下さつたの。

それでやつと少しわかつたの。やつぱりまれに見る性持つた君なのよ。かうまんではなかつたの。只冷たいの。やさしくつて冷たい人なの。すべてのものをじつと見つめてるんだわ。自分からは何物に対しても一歩もふみ出さうとはしない人なの。

運動の選手なんかしてるから。明るくよそほつてゐるかもしれないけど、あの繊細な容姿にはやつぱり私の魅かれずにはゐられないものが秘められてゐるんだわ。つや子や、阿いはうれしいの、あの人の手紙うれしいの。立派な洗練された、それでゐて飾らない趣味がうかゞわれる。でもやつと少し私に好意を持つてくれたのよ。私の本気になつたのがあの人も動かしたのよ。

〝今まではたつた一人で白々とした小道を淋しいけれどだまつて歩みつゞけた私です。あなたのお情によつて、やつと自分を理解して下さる人にめぐり合つた様で始めて私も人の子らしくなりかゝる気がする〟と言つて書いてあつたんだもの。

でもまだ〳〵かたくなゝ心だわ。そしてすまない〳〵といつて、ごうおわびしていゝか途方に暮れるなんていふんだから、阿いこそごうしていゝかわからないの。今まで多くの小さな人々を振つたのが心の重荷になつてゐるらしいの。お姉様にはなれません、お友達になりませうつて冷たくいはねばならなかつた。そしてみんな淋しく去つて行つたといふの。

でもね、もつと複雑らしいわ。何しろ、澄み切つた理性を持つてる人なの。みんなが冷たいとあの人の事をあくがれつゝ反感を持つてゐるわ。

わたしきつと〳〵あの人を食べてやるわ。あの人だつて私の事嫌つてもいないいんだし、輝く希望があらわれて来たの。それで此頃は一向男達には興味なんてなくなつてしまつた。いま私の近所で知る限りの人をなくしてもいゝからあの人一人を得たいの。

つや子や、阿いの為に祈つてね。あの人は私のつや子の様な親しい〳〵人を持つ事を知らないのよ。

それにしてもそちらの五年の人達ごうしてゝ。

とう〱卒業なのね。まだ式はすまないの。
あの方の名は永遠にほうむり去るわ。その人にはせた想ひは美斉津順子さんの上にそのまゝぴつたりとかゝるのです
あいがあの人の心をとらへる様に応援してね。
ではこれで、今日はこんな自分勝手な事ばかりおしやべりしてごめんなさい
さよなら
真さ子
つや子様

アンタ アッパッパ着てますか？

【表】つや子様
【裏】八月二十七日朝　ひさ子
・昭和9年8月27日消印

お葉書ありがとう。一体、市公さん死んでるか生きてるか。又旅行中、谷へでもはまつてやしないかと実のところ心配してました。新聞にも出ない様なのでこれはきつと市公のおばあちやんが、ブサイクだつて記事差し止めされたんぢやないかしらとも。

長らく御無沙汰して失敬――。あんたあちこち歩きまわつてるのでごこに居るかわからず、アタラ私の御名筆が中に迷ふといけないからと敬遠して居りました。一辺お電話して見やろかと思ひましたが、いろ〳〵とやゝこしく、とう〳〵今もどりました。私かへりに天ノ橋立へ寄り、宮津のとうろう流し見たりして、とうとう十六日の大文字は又来年までおあづけになりました。

さて例の須磨行き　早速おしげさんに今デンワしましたら、おしげさんこの二三日はとても忙しいので夕ぐれにかへれたらまだいゝが、それよりおそくなるにちがひないから駄目だとの事でした。私はきつと面白いからとすゝめましたが、おしげさん重いからテコでも動きさうもありません。

それはウチのおばあちやんが私がこのごろ家に居ていろ〳〵内助の功があらたかですから　なか〳〵一日でも居ないと困るらしいです。（ナンテコレハドウカシラナイガ）

で、どうやら望みはないらしいです。さてさうなると、市公さん、一日でも早くかへつていらつしやいね。虫のいゝ事云つてる　ナンテ云はないで。　京トも昨日今日涼しくなり　初秋のすが〳〵しさを映画館の中で味はふのも又一興かと存じ候

ところでカツドウ見たくてたまりません。この一ヶ月、小浜でチヤン〳〵バラ〳〵見たきりです。今の〝舗道の雨〟や前の〝流行の王様〟やらおしいものいろ〳〵です。

おしげさんよりアンタの方が引つぱり出しやすいし（コレハ失礼）早くかへつて来ないといけないですな。

秋の海はどこも身体に悪いさうですから。

九月にはお花はじまるのでせう？　おさいほうは？

あの御葉書来年までのこしておきます。
アンタ　アッパッパ着てますか?　もし着てたらかへつたら着てウチへ来て下さい(〝キテ〟がたくさんかさなりゴメン)
この手紙とても早く書きました。
こんなに早く返事を出すのは生れてからはじめてです。
おまけに　コノレターペーパー　大昔の遺物です。
だから　ケダシ　この手紙は博物館へ大事に保存されるほどのものですから大事にして下さい
そしてとんでかへつていらつしやい
あんまり黒くならないうちに……そうでないと　たゞさへ白い私の顔がますます目立ちさうだから(ナンテ)
かへつたらすぐ御一報して下さい。どつかへ出かけませう　それまでせいぜいエネルギーためておきます。毎日四条へ行つても買物ばかりで　松竹座なぞ　横目でニランデます。　では又

市チやんに

松竹座もう十ぺん程行ったでしやう

【表】つや子様
【裏】十八日朝　ひさ子
・年不明7月28日消印

市ちやん
今日は朝から雨がふってつまりません。
網野は大変すずしくていゝ所です
市ちやん毎日何してるの。我等の天下のばかり〳〵と毎日で歩いてゐるのでしやう。
そしていつもラブシーンの展開と共にもっとあついラブシーンをやってゐるのでしやう　ステキ、ステキ
松竹座もう十ぺん程行ったでしやう。
その方がずっと真にせまってどんな名優よりうまいでしやう
毎夜南禅寺のくらがりでモダンシャンの不良少女が出ぼつ［没］するそうですがあんたも中々すごいのね。
私まだホームシックになってゐません。朝も一番に起きて皆をおこします。そう

皆え〵かっこうしてねてはるわ
あんたに一ぺん見せてあげたいわ
昨夜は雨がふって散歩に行けぬので皆と大さわぎしてあそびました。
トランプの占ひが大はやりです。キャ、とかうれしとか ごうしやろやとか悲鳴がよく上ります。
毎日水泳とおくわしとトランプとサイダーとくわんずめ［缶詰］で日を送ってゐます。
四年が一番やんちやでおてんばです。
まだ何も変ったことありません いづれ又あんたとあんたの〳〵の幸福をいのる
ひさ子
市ちゃんへ

これ、差し上げます

【表】つや子さま
【裏】ひさ子より
・年代不明、未投函
・封字に「シール」

これ、差し上げます。
つまらないものですけれど・・・・・・・・
私と同じですから・・・・・・
　では失敬　グッドバイ
　さよなら　アディユー

緋紗子

つやちゃんへ
(どなたにも見せないで下さい)
(急いでむちゃくちゃ)

みどり宛

手紙三　お姉様へ

かすかなお姉様的存在への心情吐露、それが少女たちの特性だが、そのトーンは彼女たちの日常のやりとりの中にも見られる。彼女たちはこの主人公を「お姉様」と呼びかけるが、ここではそれは崇拝ではなく、好意の気持ちだ。そこに、彼女たちの世界が広がっていく。

おなつかしき
お姉様

【表】みどり様　みもとに
【裏】八月二十二日　夜　美代子出
・8月23日消印、昭和12年のものか
・封字に「Seal」

おなつかしきお姉様

十四日以後少しもお会ひ出来ないのですわね

美ー子［みーこ］とても淋しいの　毎日〳〵学校の始まる日を指折かぞえて待つてますの

勉強するのわ［は］　いやだけご　でもお姉様のお顔が……

今度席変るのね　ごんなに成るのかしら

それから教室もね　今の席　好いけご

今夜もとてもいゝお月様ですわ

済みきつた空に唯一つ……

床の下や庭の草の中で秋の虫が物悲しそうに泣いてますわ

今美ー子の心中はお姉様をお慕［い］する心で一杯ですの

お姉さんは今何をしてられるのかしら

今十一時よ　丁度先月の今夜橋立できれいなお月様を見ながらお姉さまにお便り致しました事を思ひ出してなほさらなつかしく思ひますの

十六日の夜の宇治の瀑発［爆発］知つてられて

美ー子　あの夜に限つて　母さんと一緒に二人寝てましたの

とてもひごい音でしたわ　でも私達の方の人は皆地震だと言つてられたので用心

して寝ましたの
でも二回三回とひゞくにつれてこわく成つてごう成るのかしらん　と思つてましたの
二回目の時お姉様のお写真が二階にある事に気が附いて　取りに上つて胸に抱きながら恐ろしい一夜をすごしました。ごめんなさいねほつておい［て］こわかった??
若し一回目に家がつぶれて居たらお姉さまと一緒に居られなかつたのだと思ふと一層仏様の慈悲を有難く感じました
今　居川さんと塩田さん　それから滋賀さんと山内さんの二組とても熱いのよ　ひやかしておあげなさいね
二人でどこか行かれたのよ。
それは知らない事　ホ……
でわ［は］又お便りするわ　美ー子宿題が心配なのよ
おやすみなさい
(妹)
なつかしき　お姉様　みもとに
美ー子出

大橋さんが云われたので……
大橋さんをにくむわね。

【表】みどり様　御許に
【裏】七月二十二日　美ち子
・昭和10年7月22日消印

お返事附きましたわ　有難たう。

たいへんきびしい暑さですね。

家辺さんつてゐつたらとてもひやかされるのよ。

〝上の運動場へ行つとおみ　よい事があるえ……〟と沢山ランニングの人がおられるにもかゝはらずどう〲と云はれるの。それで〝家辺はん…今日はおあいにく〟と云つたの。なぜつたら、家辺さんはバスケットの三年の、豊田さんにかん〲なの。

豆は他の人に私の事めつたにしやべらないのよ。しらん顔をしておられるから大丈夫。でも他の学校に行かれたらわからないわ。どうかしら……

昨日近くに夜店が出たので何の気なしに妹達と行つて見たら、弟達と一緒に来てゐなつたの。それであはないようにと、色々廻つたの。

私がもう帰らうと思つて家に来ると知らない中学生の人が二人で話しをしてられるの。聞くと、ラブレターなど不良な事を云つてられるので、わきみもふらずに家まで帰つたの。こはかつたわ。

梅ちやんに此の手紙の事を話さないでおこうね。

大橋さんが云はれたのでちやんと知つてられるのよ。大橋さんをにくむわね。

練習がすんだら一生［一緒］に帰りませう。でも私の方、奇数はコーチがこられるので昼からなの［。］一生［一緒］に帰れないね。

そして貴女の所　何時から学宿［合宿］なの。その間は寂しいわね。でも一週間でせう。私ね、八月の三日と四日はお天気であつたら伊勢の方に海水［海水浴］に行くの。その時にはお手紙を出しますわ。

ひまがあつたものですからつい〳〵

では３４７ら［さよなら］

M.

Y.

「片桐さんとみどりさんがひんぱんに手紙出してはる」との事。

【表】みどり様　御許に
【裏】十一月三十日夕方　M.Y.
・昭和10年11月29日消印

大々好きなみどりさん
長い間お目にかゝらない様な気がしてね。

ふとした不注意の為に虫がわいて、その虫が胃に入いつたので胃がいたみ、せつかく四年になつて一日も休んでゐない学校を休み、貴女とお顔も合す事が出来ず、残念でたまらないわ。その上みどりさんに心配をかけて……

此の間は、せっかく来て下さつたのに、面白くなくて……そしてお土産と大そう［大層］そうに云つてゐてほんの少しで御免ね。竹星早足で一回ふりむいたきり、ごん／＼歩いて家に入いつたわ。

ガイコツ乗つてゐたの。私気がつかなかつて此の頃だんぜんおとなしくなつてね。級対向［対抗］の試合、ろ組に負けられたの。でも才二に勝たれてよかつたわね。浅井さんの妹さんが居られるのでせう。おうえんが出来なかつておしいわ。タイムスに二年生のランニングの人との……が出てゐたね。貴女のきちんときつてのこしてあるわ。田谷ね、ずつと前は四年ハ組の前田さんとだつたんですつて。大橋さんに遠足の時、話したら、うそでおこつてはるのよ。足立さんも変だと思つてゐたと云つてられてよ。だいぶらしいわ。でも人の事はよいわ。私達の事だけね。何時までも〳〵。私ね大橋さんに聞いたの。

うそとは信じてゐますわ。でもちょつと……「片桐さんとみごりさんがひんぱんに手紙を出してはる」との事。夏休み頃のお手紙に〝片桐さんとしやべつていても変に思はなくて〟つて書いてあつたわね。美知子その事を思ひ出したわ。私ごこまでもみごりさんとね仲よくするわ。では又今度まで　　小夜奈良［さよなら］

Miss Midori = Michiko

仲よく　仲よく　長く長く

［便箋1枚目欄外］

みごりさん　イコール　みち子　　何時までも長く長く

［便箋2枚目欄外］

大橋さんの所二十八日の朝、午前三時頃火事が行つたんですって
御ぞんじで……一番上の兄さんが煙草をのんでねてられたら、もえてきたので、ざぶとんをもみ、ものほしに出されたら、ものほし、三坪もやけたんだつて。新聞で見てびつくりしたわ。

Midori＝Michiko

ほんたうに〳〵

大々好きな　みどりさん　御許

みーちゃんがこんなにもみよ子を愛してゐて呉れたのね。みよ子はなんて幸福なんだらう。

【表】みどり様　御許ニ
【裏】一月三日夜記す　美代子出
・昭和12年1月4日消印

みーちゃん

お手紙有難う。みよ子、帰へつて御飯を食べる間ももどかしかつたわ。皆んながみよ子の帰りを待つていてくれたの。そしてすぐ御飯だつたので　すぐにも読みたかつたけご読めなかつたの。御免ね。でも一番に御飯をすませてすぐに読んだの。嬉しかつたわ。

どんなにみよ子が嬉しかつたと云ふ事は御想像におまかせするわ。みーちゃんがこんなにもみよ子を愛していて呉［く］れたのね。みよ子はなんて幸福なんだらう。みーちゃんがみよ子を愛していて呉れてゐるのは　みーちゃんがみよ子の家へ来て呉れた時に知っていたけれども……　みーちゃんのあのいぢらしい姿、あの時みよ子はきつとみーちゃんがよう云はないんだらうと思つていたわ。

今はなんて幸福なんだらう。あゝ嬉しいわ。とても〳〵〳〵〳〵みよ子がみーちゃんをごんなに愛しているかと云ふ事もみーちゃんにはちゃんと分つて来［く］れたのね、嬉しいわ。

みーちゃんの心もみよ子にはよく〳〵分つたのよ。

今はまよひの雲がきえうせた二人の心に…………

二人共互に強い愛にいだかれて楽しい後生を送りませうね。

今日のこの手紙を見てからのみよ子の心、ごんなだか分る？

もっと〳〵みよ子のあるだけの力の限りみーちゃんに愛を捧げたい。

今までもごんなにみーちゃんを想《オモ》い愛したかしれないけれごも今までよりもっと〳〵〳〵〳〵みよ子の命の限り……

分つた？このみよ子の心の中を!!　神にでも誓ふわ。みよ子の心の中の事を。

そしてごんな事があつてもみーちゃんを信じているわ。このみよ子は。

安心してね。

みーちゃんをみよ子がおこる、なんでそんな理由があるの？

もしそんな理由があつたとしたつて　みよ子がみーちゃんをおこるなんて事が出来ると思つて？　みよ子にはとうていごうして〳〵そんな事が出来ませうか　出来ないわ。みーちゃんにもこんな事は分るわね。これからはごんな秘密も打開［明］けてね。

そしてほんとに永久に〳〵〳〵変らぬ二人の愛の心を……

そして〳〵永久に〳〵〳〵仲よく〳〵〳〵なりませうね。

この事は神に誓いませう、みーちゃんもね。

今日は又あつけない別れをした事が……許してね。

又、何時か近いうちに二人だけの機会を作つて又、二人の楽しいチャンスにしませうね。実現しませうね。

では今日はこれ位にて失礼。今頃みーちゃんは何をして遊んでいるでしようね。いつも〳〵みーちゃんの事を忘れた事のないみよ子なのよ。　ではほんとに今日はこれにて。筆を置くのはおしいけれども……

もう八日まで会へないのね。淋しいけれどもお手紙だけはね、かゝさづに!!

体に気をつけてね、あまり食べ過ぎない様に……いつも御元気で……

愛する可愛いゝ〳〵妹よ、　さよなら
あまりにも熱して来て変な事を書いたかもしれないけれども御免ね。読みかへさないわ。だから、あゝ愛する妹、可愛いゝ妹　乱筆を許して。

みーちゃんの好きな〳〵〳〵〳〵

みよ子姉より。

みどり様の十八才としてのこの一年間がつつがなき様にと心からお祈りいたします。

【表】みどり様
【裏】一月六日　里子
・昭和13年1月6日消印

みーちゃん!!

あんなものお上げしておこつてらつしやるのではないかしら?でもどうぞ私の趣味から出たものですの。お受け取りになつてね。

そしてどうぞお気に召しましたら　みーちゃんがミッスイズになりになるまで……いな!!おなりになつても……お忘れなく……………

謹で初春の御よろこび申し上げます。…と共に…

みどり様の十八才としてのこの一年間がつゝがなき様にと心からお祈りいたします。

みーちゃん!!

元旦には可愛いゝプレゼント(でせう。〝いつも里からいたゞいてばかりいますので……〟なんてことよして頂戴な。何にもこれといふ様なものお上げしてゐませんのに私…困るわ。)ありがたうございました。

うれしく／＼頂戴いたしますわ。

もう大切に／＼にして本棚に飾つてありますの。

本当に可愛いゝお人形ね。

朝夕、部屋に入る毎に眺めてゐるのよ。

そして……一人遠い楽しい／＼夢をおってゐますの。……その時はどんなに幸福な事か知れませんわ。

現実よりも……ずつと／＼……

楽しい夢……

今九州から兄と子供が二人来てるでせう。毎日大変なさわがしさなのよ。〝お姉ちやん／＼〟で私……困つてるのよ。初［め］のうちは可愛いくていゝけれども、一週間もするとぼちぼちおほちやくになりだすでせう。そして子供つて食事の時等がよくおしやべりしたりして不行儀でせう。本を読んでゐる暇も無いのよ。

つきまとつて来るのでうるさくて／＼困るわ。

とかく子供つてものは大声でお話するものね。耳がいたい様な声だしてお話するわ。

勉強する事も出来ないのよ。私の部屋にも進入して来てちらかし廻すので、…つい癇を立てゝごなるのよ。もうなれつこになつて皆が〝又、お姉ちやんのヒス［ヒステリー］が始まつた〟なんて言ふの……

でも兄様方は明日朝お帰り［に］なるの。

当分寂しくかんじるわ。

私達ももう一日で学校ね。

三学期……二月程しかないわ。心細いわね。

みーちやんは卒業してからの事きまつた？　貴女はどこに行くつもり？　補習科？　女専？　私まだはつきりしないのよ。なるべく一緒の所に入りたいわね。みーちやんの今思つてゐる事を言つてくれない？私もなるべく一緒のこと［とこ］へ行きたいし。

いけませんかしら？

でも早いものね。この間二年生で御一緒に学んでゐたのに、もう卒業。……三学期…二月程の学窓生活ね。うんと〳〵楽しく面白く過しませう。きつと仲良く〳〵して下さいますわね？　最後ですもの、きつと〳〵ね。

今子供達は母さんと一緒に外出しましたの。で［、］その暇に気にしてゐたみーちやんへのお手紙お書きしましたの。

みーちやん!!　貴女の親友は今、ごなた？　里にはある様で無い様な寂しい人……是非みーちやんにお話しなければならない事があるの。でも言はなくてもいゝとお思ひになる事かもしれないけれご、その時すぐにお話すればよかつたんですけれども……

でもその時はみーちやんが……で、いひ出せなかつたの。でも、もしお話してみーちやんがおこらないかしら？

心配だわ。相談して下さるかしら？

でも何だか不安……

御免なさいね〳〵。……

どうぞ三学期も楽しく〳〵仲良くして頂戴ね。そして最後の学窓生活を良きお友達としてお導き下さいませ。時節柄お風邪を召しませぬ様、お元気で。

お合［会］ひする日を楽しみに。

かしこ
里子

私は或る人からお姉様と或る先生の事についてきかされました。

【表】みどり様　みもとに
【裏】廿六日　美代子拝
・昭和14年6月26日消印

お姉さま

いつかお手紙を出してからもう一月余りにもなりましたのね。お姉様はきつと私が忘れてしまつたのかしらんとお思ひでせう。

今月に入つてから夏は洋服の旺盛時代でせう。だからとても忙がしいの。二日で一着位縫はねばなりませんので少しもお便をする間がありませんの

此の間は突然お会ひ出来ましたわね。でもほんのわづかの間で……

それでも学校は誰も居られなかつたしもう今月はお目にかゝれないと思つてあきらめて居ましただけによけ［い］うれしいでした。

お姉様は二年生におなりになつて私は女学生ではなくなつてしまひました。それでもお姉様は今までの様に時々私の事を思ひ出してくださいますかしら。私はいつも〳〵あの栞を出して女学校の頃のいろ〳〵の事を懐かしく〳〵思ひ起こして居ります。

去年の今頃のお昼休みにお姉様と裏門のところでお話しましたわね。

私は今でもあの時分の様な気持で居るつもりですけれど、外の人から見たらとても変つた様に思はれて居るのでせう。

私は或る人からお姉様と或る先生の事についてきかされました。

でも私はそれをきく前から学校に居た時から知つて居ました。その人は私がもう卒業したのだから学校に居ないのだから……する事によつてお姉様を今までよりも幸福にする事が出来ると言はれました。

私もその事は二度も三度も考へた事はありましたけれど……でも私がやさしい懐かしいお姉様としていつも淋しい時うれしい時悲しい時　心から慰さめて下さる方を、お姉様の御幸福を知りながらも失なふ事は出来ませんの。こんな事を思つた時　お話は出来なくともこれまでの様に毎日一緒に居られたら心強いだらうと思ひます。

こんな事書いてお勉強に励んでられるお姉様をお姉様の考を乱すかもしれませんけれど今度だけは許して下さい。

私は学校を出ても服装は変つても心は少しも変つてませんから……

お暇だつたら来て下さい。近くの野原にでも行つてお話しませう。

美代子

なつかしいお姉様江

貴女のために靴下を白い毛糸であみませう。

【表】みどり様　御許に
【裏】15.6.15.　夜　美代子
・昭和15年6月15日消印

お姉さま

毎日〳〵暑い日がつゞきますわね。

一度お手紙を書かなくてはと思ひつゝ　ついおそくなつていつも伊藤さんに会ふと学校の事ばかりきいてゐます。来年になつたらもうその心配はないでせうけれどね……

先日はあんなところで偶然お目にかゝれてうれしかつたわ。丁度玉川さんから誘はれたので母もみどりさんもおさそひしたらと言つてましたので　夕方にでもお電話しようと思つてたの　でも大槻さんのお習字に行かれてよろしいわね。

山では二度も夕立に会つたけれどもおもしろかつたわ。

昨日丸物へお習字を見に行きましたのよ。

昨日のお休みは是非お姉様に電話をかけて、と思つてましたら夕方母が病院からかへつて来て　どうしても用事があるので明日正午から三時頃までおばあさんのそばに居て上げてくれと申しますので四時頃から三条の方へ行かうと思つて居ます。

晴天なら正午から三時まで病院に居りますから、お話にきて下さい。十三号舎の三十三号室です。

それから二十三日に湖南アルプスへ行きます。河原井さん玉川さん私の三人であとは男の方三人です。とてもいゝ方ばかりですからお姉様もおいでになればいゝのにと思つて居ます。時間もその内に知らせてくる筈ですから、あちらで御飯をこしらへますのよ。

とても面白いだらうと思ひます。いつも〳〵二人の都合が悪く四月から言つてる事がなか〳〵実現されづ［ず］たう〳〵暑い季節になつてしまひました。いつも二人はそんな風になる様　神様がしてられる様な気がします。

それから一度二人で写真をうつしたいと思つてますけれど　とてもあつかましい子になつてしまつてお姉様にいやがられたらどうしようかしらんと思つて居ます。でも二人の写真がほしいの。こんなに仲よくして居るのに……

それから夏休みの事は又いつか相談しませうね。

一緒に二三日でもすごしたいの。

海へ行つてもいゝし又いけなかつたら家へ来て丁戴〔頂戴〕な。賀茂の朝もいゝものよ。でもなるべく海がいゝと思ひます。母もそれは許してくれますから。

でも試験が始まるのですもの〔、〕こんなお話はもう少しあとに廻しませうね。

十三日の朝〔、〕丸太町線で女専の人が沢山いられたわ。平山さんや畑さんは見たけれご肝心のお姉様に会えなくてベソを書きそうになつたわ。

でも熊野まで福本先生と御一緒だつたので色々学校の事もうかゞひました。

こんなにお姉様と仲良くして戴いてもつたいなく思ひます。毎日〳〵居川さんに〝あの人恐〔怒〕つてはるのとちがふか〟と言つて煩らはした事が今では夢の様でなつかしく思はれます。でも自分はこんなによく心臓が強くなつたものだなァと思ひます。

あら〳〵こんなくだらない事ばかり書いてごめんなさい。

御無理をされぬ様に勉強して下さい。

神様はきつといゝ日にお姉様に会はして下さるだらうと思ひます。

貴女のために靴下を
白い毛糸であみませう
もし靴下がやぶれたら
赤い毛糸でつぎませう
けれども遠い旅の夜に
貴女の心がやぶれたら
あたしはどうしてつぎませう
　私の好きなのよ、とてもいいうたでせう？？
なつかしい　お姉様

美代子

第三章

コネッサンス

乙女たちの人間観察

ここでは、少女たちが、自分たちの世界を形成するベースとなった、約束事をまとめてみました。「コネッサンス（知覚）」とは、底層（約束事）と表層（文章）との共鳴関係を知ることでもあります。

「花言葉」はその淵源を西洋の神話などに求めることもできそうですが、日本では明治末からの「洋花」の輸入、そして流行と、まさに並行して成長したようです。それだけに、見知らない、新奇なものとして、少女たちにあこがれられました。この花のイメージは、詩の世界でしばしば用いられますが、それも少女たちの「詩」の愛好と連動し、共有されたものでした。詩は抒情的な、そしてロマンティックなものだったのです。

「隠し言葉」は、隠語というよりも、少女たちだけに通用する共有語だったと言えましょう。その言葉によって、少女たちはお友だちという仲間の証しとし、さらに親友という世界に踏み込んでゆきます。それは、花言葉がメタファー（隠喩）として少女たちの世界を包んでいたのと同じだと言えるでしょう。現実世界からトリップして、もう一つの別の世界を開く。そのためには、こうした共有語が必要だったのです。

これらは当時の一般教養です。その世界を知っていただきたいと思います。

大正　少女花言葉

田丸志乃

大正の少女雑誌を眺めていると、そこに「花言葉趣味」とも言える一つの世界がみえてくる。例えば、一九一七年（大正6年）の『少女画報』の扉には、花言葉が紹介されている。一月は水仙、二月は梅、三月は椿、四月は桜草、五月はきんぽうげ、六月は矢車草、七月は金蓮花、八月はダリア、九月は鳳仙花、十月は金盞花、十一月はコスモス、十二月はクリスマス・ローズである。そこには西洋花だけでなく、梅や椿のように日本で親しみの深い花もある。また、水仙の花言葉といえば、ギリシア神話のナルキッソスの話が有名であるが、ここでは「汚れない純白の花瓣《はなびら》の上にかがやく黄金の盃をのせて、心もち首《こうべ》をうなだれた風情は、濁りなき心の少女《おとめ》がはてしもない空想に耽っている姿とも見なされます。このやさしき花の花言葉はうぬぼれというのであります。」と紹介され、水仙は少女の姿に見立てられている。つまり、西洋からもたらされた花言葉は、日本で広まっていくなかで独自の発展をしていった生きた言葉でもあった。

花言葉の命名には、大きく分けて二つの特徴があると言われている。一つ目は、色、形、香りなどの特徴を直接言いあらわしたもので、二つ目は、百合や薔薇をはじめとする花の象徴性や文学上の花から連想されるものである。この二つの特徴は、大正期の少女たちの花言葉にも見られるが、これらの花言葉は、誰がつくったのかはっきりしないものも多い。花言葉は特定の誰かというよりも、花を愛する人たちが花のささやきに耳を傾け、そこから湧き上がるイメージを言葉にした感覚的な体験の積み重ねである。いわば詩のような世界でもあり、心を表現することに魅了された人々が生み出した言葉でもあった。

詩のような花言葉の世界には、愛を語る言葉も多い。例えば、チューリップは愛の宣言を現し、白百合や白桔梗は純潔の心、鈴蘭は希望を現している。さらに、愛情という花言葉を持つ薔薇は、色や開花具合によって異なる愛の表現を雄弁に語る。こうした花言葉は、主に若い男性や女性が言葉のかわりに用いて、心を通わせていた。お手紙交換が盛んなこの時代には、手紙のなかへ四つ葉のクローバーや勿忘草などを一緒に入れて、友達や恋人に贈ることもあったと言う。こうしたひと手間加えた行為は、筆やペンで綴るよりもかえって多くのことを語ってくれたのではないだろうか。人々は贈られた花言葉から、沸き立つ趣の深さを楽しんでいたのである。

少女雑誌には、花言葉の紹介に加えて、花の伝説、花から強いインスピレーションを受けた花の物語や詩、花と少女のイラストなど、花を愛する「花言葉趣味」につながるものは番付になったり、双六になったりと枚挙にいとまがない。これらは一時期の間に大々的に取り上げられたというよりも、大正から昭和の初めという長い期間に少女雑誌の中に常に散りばめられていた、少女とつながりの深いものでもあった。

この度の花言葉は、大正期に少女向け雑誌に掲載された花言葉と、『新編　花と花言葉』（下田惟直著、交蘭社、大正14年）、『小学生趣味読本』（小学生全集第85巻、興文社・文芸春秋社、昭和4年）に掲載された花言葉を編集して作った。書籍は成人向けではなく、比較的若い層に発信したと思われるものを選んだ。ここでの花言葉は、現在にも引き継がれているものやそうでないものもある。主に大正の少女に向けて発信された花言葉だということを念頭に、当時の豊かな表現を楽しんでいただきたい。

大正

少女花言葉

はなことば

あ

アイリス　伝言、通信の意味に使われます。

アカシア　日本名は「はりえんじゅ」といって、藤に似た白い花が咲きます。これは変らぬ友情や、清い交際を誓う時に用います。薄紅や白には優美、黄には秘密の愛という意味があります。

あさがお（朝顔）　情愛、親切、愛撫の意味に使われます。

あざみ　あくまで美しい花を持ちながら、葉には恐ろしい棘をそなえているこのあざみは、峻厳、人間嫌い、復讐などの言葉の代りに用いられています。その他、権威、独立、厳粛の意味を持っています。

あし（蘆）　丁寧、誘惑、軽はずみの意味に使われます。

あじさい（紫陽花）　普通に七変化と呼ばれています。冷淡、不人情、不真実などを意味して、昔は武士の家には絶対に植えなかったものです。

アスパラガス　不変という意味があり、親しい友達に贈って、「あなたに対する私の友情は永久に変らない」と言わせることができます。

アネモネ　ギリシヤ神話の「アネモネは森の女神の名でした。世にも美しき女神でした。風の神はこの女神が大変気に入ったのです。ところが、風の神の許嫁の間である花の神が非常に嫉妬してしまいました。女神アネモネは花の神の圧迫にたえかねて宮殿を出ました。そして自ら願って、我と我が姿を草花にかえたのです。それがアネモネでした。」という物語から、孤独という花言葉を持っています。さらに、この花は病気、悲惨などを意味します。若しお友達からの手紙に、この花が封入されていたとしたら、その人は病気にかかっているか、又は何か悲しいことがあるのです。

アマリリス　自尊、誇り、臆病、よき美しさの意味に使われます。

あらせいとう　「あなたはいつも元気ですね」「あなたは私にとって大切な友人です」などと使い、忠実な心を現します。

い

いちご　尊敬、親愛などを現す場合に贈ります。

いちじく　豊富、又は子福者の意味を持っています。また、いちじくの樹は高尚・豊富、いちじくの実は議論を現します。

いわれんげ　活発、家庭の務を励むなど、男性的な意味を持っています。

う

ういきょう（茴香）　ほめそやす、力の意味に使われます。

うめ（梅）　梅の花は、あの気高い姿、ゆかしい香《にお》いが、昔から詩歌に詠まれています。梅の花といえば、私たちは直ぐに、純潔とか、剛毅という事を考えます。この花の花言葉は忠実、真実、意思かたい、高潔というのであります。友達から若しも梅の花を贈られたとしたら、「あなたは非常に潔白なお方です。永遠に変らぬ御交際を願います。」という意味なのです。

え

えにしだ（金雀児）　謙遜、清楚、純白の意味に用いられます。

えのき（榎）　自慢、自惚、虚栄、空想、理解力を意味します。

えんどう　永い快楽。白えんどうは楽しい夢を現します。

お

おじぎそう　葉や茎にちょっとでも触れると、まるでお辞儀をするようにうなだれてしまいますが、暫くすると又頭をもたげて来るという、面白い草です。それで落胆、失望、嘆き、意気地なしなどの意味を持っています。

おとぎりそう　弟切草とも書きます。敵意、迷信などの言葉の代りに使われています。

おみなえし　おみなえしは女郎花と書きます。「乙女の花」の意です。平安朝の有名な歌人遍昭の歌に、「名にめでて折れるばかりぞ女郎花われ落ちにきと人に語るな」というのがあります。有名なうたです。女郎花は小野頼風の美しい妻が、死んでから化して花となったものだとも言われています。又入水した女の衣が朽ちて女郎花になったのだとも言われています。ここからこの花は佳人、上品な人、つつましやかな人、落ち着いた人などを意味します。

か

かいどう（海棠）　支那では昔から海棠を佳人になぞらえ、美しい花として賞翫されていました。ことに春雨を帯びたそのしおらしさは、美人が憂う姿にたとえられて、昔から多くの詩人にうたわれました。この花は温和、柔順を意味します。

かえで（楓）　遠慮、謙遜の意味に使われます。

かきつばた　うれしきたよりを意味します。在原業平が東国に旅立った時、三河の国の八橋という所に行きました。友達が、沼の中にさいているかきつばたの花を指さして、あの五つの言葉を句の上において歌をよめと言いました。業平はすぐ、「唐衣着つつなれにしつましあればはるばるきぬる旅をしぞ思ふ」とうたったのです。人々は、業平の天才におどろかないでいられませんでした。

カーネーション　日本名を「おらんだ石竹」といいます。赤い花は悲しみを訴える場合に、縞は拒絶する時に用います。そして黄色は軽蔑を意味します。

カンナ　堅実の意味に使われます。赤は堅実なる末路、黄は永続を現しています。

かんらん（橄欖）　神の木と呼ばれて平和を意味します。旧約聖書の中に、「われ等橄欖の森に集いて、エホバ（神）と語れり」という一節があります。

き

ききょう（桔梗）　変らぬ心、やさしい愛を意味します。白は純潔を、紫は友情を、縞は優美を現します。一方、「桔梗の前という美しい人がいました。平将門の侍女でした。藤原秀郷が将門をうった時、ひそかに軍略を官軍にもらし、主君将門を裏切ったのです。がしかし、秀郷は、その巧を桔梗の前に奪われんことを恐れて、あざむいて彼女を殺してしまいました。そのうらみによって、そのあたりの桔梗は花が咲かなくなりました。」という桔梗の伝説から、媚びという花言葉もあります。

きく（菊）　清浄、高潔を意味します。赤は「わたしは愛します」「あなたを信じます」、白は真実、黄はうすれゆく愛を現します。

きょうちくとう（夾竹桃）　注意、細心、深い友情、又は「あなたの将来はきっと幸福です」などの意味に用いられます。

きんせんか（金盞花）　黄金色に輝くこの花は、どことなく暗い影を持っています。ですから、悲しみ、不遇、失望などの場合に用いられています。けれども、薔薇と一緒ですと、「愛の苦しき楽しさと快き苦痛」を現します。

きんぽうげ（金鳳花）　そよ風に首を動かしながら、沼の傍に咲くつやつやしい花です。五月の日光を盃に湛える花です。この花の花言葉は富というのです。黄金色の光沢から想いついたのでしょう。

きんれんか（金蓮花）　その花言葉は愛国心を意味しているのです。花は赤又は黄の強い色彩で咲くからでありましょう。

く

くちなし　わたしは余りに幸福を意味します。

ぐびじんそう（虞美人草）　ひなげしともいいます。情熱、移籍を意味します。昔支那に項羽という英雄がおりました。垓下の戦に漢の高祖のために破られ、今や再び立つ能はずと知った時、日頃愛していた妻の虞美人をよんで「虞や虞や、我汝を如何せん」と言って悲しみました。虞美人はもはや助からぬと覚悟して、我と我がのどをつらぬいて自刃しました。その屍を埋めた塚の上に、赤い美しい花が咲き出たのです。それが虞美人草でした。

グラジオラス　人格の力の意味に用いられます。

くり（栗）　若しも友達から誤解を受けたような時には、この花を贈るのがよろしい。それはこの花が「私を正しく理解して下さい」という意味に使われているからです。

クリスマス・ローズ　この花はイエス降誕の宵を飾る花です。「我心の頬を救い給え」という花言葉をもっています。

クローバー　日本では「苜蓿《うまごやし》」「つめ草」と呼んでいます。四葉のクローバーは中々見つからないものですが、幸運にもそれを見当あてた時、手紙などに入れて人に送ることがあります。また、大抵の人は書物の中に挟んいます。西洋の花言葉で、クローバーは、幸運、わがものたれ、我を愛せよなどの意味に用いられています。古い伝説や神話などはこの花について物語られていません。赤い花は勤勉、白い花は「私をいつまでも友達にして、忘れないで下さい」を現します。

け

けいとう（鶏頭）　どこの庭先にも植えられる花ですが、余り綺麗でもなく、一体に下品な感じがします。虚飾、非凡、気取り、変奇、異常などを現すのです。また千日紅もこれと同様に用いられています。

けし（罌粟）　幸運、平和の意味に使われます。赤は慰め、愛撫を、深紅は夢幻の豪奢を、白は「眠れ、わたしの毒物」を現します。

げっけいじゅ（月桂樹）　名誉、勝利、栄冠、栄光を意味します。葉は「死んでも変らぬ」を現します。

こ

コスモス（秋桜）　優美、敬愛などを現すもので、殊に女学生の人々から愛される花です。「コスモスの姉上さま」「私の敬愛するコスモスの君よ」などと呼びます。また、常にほほえみのかげを絶やさぬ少女《おとめ》心にたとえられ、「常に快活なる」「少女の愛情」という意味を持っています。コスモスは無論英語の Cosmos から来たもので、外国から輸入された草花です。日本式に言うと「おおはるしゃぎく」というのが本当です。コスモスには白と紅とあります。白は少女の純潔をあらわし、紅は少女の愛情を現します。

さ

さくら（桜）　高尚、優美を意味します。「敷島の大和心を人問はば朝日に匂ふ山桜花」とうたわれた桜は日本の国花であります。大昔、木花咲耶姫《このはなさくやひめ》が、山の神なる父の命のいいつけで、はるかに紫の霞にのり、山々を遊んで富士に天降られ、そこで桜の種をまかれました。我が国に桜が多いのはそのためであると伝説につたえられています。花は桜木、人は武士、桜は花の王であります。このことから、この花は高尚、優美、純潔の意味を持っています。

さくらそう（桜草）　桜草は四月の初めに咲く、露にかがやくか弱い花であります。この花の花言葉は、青春の悲しみ、若き日、謙譲と言うのであります。花の色がかなしいものに思われるからでしょうか。西洋では花暦の二月にあてられています。ついでに、ここでその花暦を紹介しましょう。一月鈴蘭、二月桜草、三月菫、四月雛菊、五月風信子、六月鬱金香（チューリップ）七月睡蓮、八月罌粟、九月矢車草、十月天人菊、十一月薔薇、十二月遊蝶花（パンジー）。

ざくろ　互いに思う。花はすなおな美を意味します。

さざんか（山茶花）　高潔、清廉、謙譲を意味します。この木はもと支那の雲南の地方から、日本に渡ってきたものと思われ、西洋には珍しい木です。山茶花は、サンサカとよむべきでしょうが、サザンカと言うのは、発音がなだらかに行くからであろうと思います。ついでに言いますが、茶はチャとよむと同時にサとよみます。茶人、茶道、一茶、菅茶山などみなそうです。

サフラン　爽快、多すぎるから注意せよという意味に用います。

さぼてん（仙人掌）　まるで海鼠《なまこ》そっくりの変てこなものですが、「だんだん暖かくなるでしょう」という花言葉を持っています。また、「熱情」「わたしは仲よく熱心です」という意味もあります。

さるすべり（百日紅） 雄弁、負けじ魂の意味に使われます。

さんざし 不朽、希望、永生の意味を持っています。

し

シオン（紫苑） 復《ふたたび》の愛、後の思い、思い出を意味します。

ジキタリス この花からは心臓病の薬（強心剤）が取れます。だから人間には非常に役立つ草花なのですが、ここでは私達が一番いやがるところの不誠実、包み得ぬ恋などという言葉の代りに使われています。

シクラメン 日本名は「豚の饅頭」といって、やさしい花です。遠慮、謙遜、慎みの意味に使われます。

しだ（羊歯） 西洋では「魔の草」と呼ばれていますが、友情の場合には、誠実を現します。魔法と友情、この正反対な二つの意味を代表するところが、いかにも羊歯らしいではありませんか。

シネラリヤ 「いつも快活に」「最後に幸福あり」などという言葉の代りに使われる花で、よく病人に贈って、「間もなく全快するよ」などと慰めます。また、心の悩み、煩悶という意味にも使われます。

じゃがいも（馬鈴薯） 慈愛、永く変らぬ恵心を意味します。

しゃくなげ（石楠花） 危険、警戒を意味します。

しゃくやく（芍薬） 富貴、はずかしさを意味に用います。

ジャスミン 白い花は「ほんとうにお気の毒」という同情を現し、黄色い花は優美、華麗、優婉の意味に使われます。

しゅうかいどう（秋海棠） 親切、愁いを意味します。春の海棠は木ですが、秋の秋海棠は草です。これは支那からきた草花で、支那でもやはり秋海棠と言います。西洋のPegoniaとよく似ていますが、同じものではないようです。秋、可愛い紅色の花をつけます。葉は緑、茎はたべるとすっぱい味がします。

しゅろ 勝利を意味します。棕櫚《しゅろ》は英語ではPalm 独逸語ではPalmeと言います。昔ヨーロッパから聖地エルサレムに参詣して行った巡礼の道者が、標しとして棕櫚の葉を携へて帰ったものです。それを英語でPalmerと言います。Palmは勝利を意味するもので、棕櫚の葉を受けるべき秀でた者をさすのです。月桂樹がアポロの神に関係があるように、棕櫚はキリストに関係があります。Palm Sundayなどと言うことを皆様御存じでしょう。

す

すいせん（水仙） 汚れない純白の花びらの上にかがやく黄金の盃をのせて、心もち首《こうべ》をうなだれた風情は、濁りなき心の少女《おとめ》がはてしもない空想に耽っている姿とも見なされます。このやさしき花の花言葉は「うぬぼれ」と言うのであります。また水仙には、「昔ギリシヤにナルシスという美少年がありました。彼は預言者から、自分の顔を自分で見ない間だけ、この世の生を楽しむことが出来ると預言を受けていました。彼はふとしたことで森の女神エコーの呪いを受け、ある日、山中の泉で、水をのもうとしたとき、水の中に自分の美しい顔を見てしまいました。彼はその影が自分の姿であるとは知らず、ひたすらにその姿を慕って、とうとう身を投げて死にました。そこに生え出た花が水仙でした。」という神話があります。

スイトピー 誰でも知っている花豌豆のことで、やさしい歓び、愉快などを現すのですが、時には、これと正反対の別れ、悲哀などにも用いられます。

すいれん（睡蓮） 別名を「ひつじぐさ」と言います。沼や古池などに咲く花で、成功、純潔などに用いられます。清き思い出、美しき空想の意味にも使われます。

すずらん（鈴蘭） 希望、幸福は帰り来るという意味を持っています。交際の絶えていた友達などに贈って、「もう一度昔の友情に立ちかえって下さい」と訴えます。谷間の白百合とも呼ばれて、北海道に多い花です。

スノードロップ　イギリスの文学者から「二月の乙女」とうたわれた「ゆきのはな」です。西洋ではこの花を純潔と貞操とを代表するものとして、乙女の守り花としています。

すみれ（菫）　昔ギリシヤのある国王の姫にイアという美人がおりました。姫はアーチスとよぶ美少年の羊飼と許嫁でした。野辺の女神ダイアナは、アポロの嫉妬を心配して、イア姫を小さなすみれに変えたとギリシヤの神話にあります。また、詩聖シェリーは「百合は結婚の床に匂い　薔薇は主婦の髪に置き　すみれは処女の死をかざる」とうたいました。ここからすみれは謙譲を現します。また、藍は忠実、黄は田舎の幸福、三色菫はわたしを思えの意味を持っています。

せ

せきちく（石竹）　真情を意味します。

ゼラニューム　黄は思わぬ面会、赤は慰安、銀の葉は思い出す、斑ら葉は真の友情、青黒い葉は悲哀を現します。

そ

そけい（素馨）　愉快を表します。黄は幸福、我勝てり、白は友情を意味します。

た

たいざんぼく　高尚なる精神を意味します。

だいだい（橙）　日本ではめでたいものの一つに数えて、お正月の七五三《しめ》飾りにつけます。西洋でも成功の樹だと呼ばれています。樹は寛大を現し、花は純潔、清楚、慈愛などを現すのです。

たけ（竹）　忍耐を意味します。

たちあおい（立葵）　単純の愛、大望の意味を持っています。白には飾りのない愛、薄紅にはひそかに愛されるという花言葉があります。

ダリア　ダリアは天竺牡丹とも言われます。天竺とはここでは舶来の意味です。外国からきた牡丹という意味になります。八月の強い日光をうけて咲きほこるダリアの色は、清楚というよりも濃厚であり、そして艶麗です。「陽をすいて黒々と咲くダリアは我が目の下にちらざりしかも」斎藤茂吉　花言葉は、あなたは私を幸福にして下さいます、壮麗、移り気などがあります。

たんぽぽ　西洋では幸福を知らせる花と呼ばれています。この花には、神のお言葉、無分別、軽薄などの意味があります。

ち

チューリップ　愛の宣言を現します。赤は名誉や深い友情、白は可憐や同情、斑は美しい眼、黄は望みなき愛などを意味します。

つ

つきみそう（月見草）　気の変わりやすい、永つづきせぬ、美しき人という意味に用いられます。

つつじ　節制、秩序、制心を意味します。

つばき（椿）　西洋人は香りがないのが惜しいといいますが、私は何となくなつかしい花だと思います。花言葉は、最高の愛らしさ、やさしき慰め、誇りというのです。

つゆくさ（露草）　ほたるくさ（蛍草）ともいいます。勤勉、尊敬、小夜楽を現します。

つりがねそう（釣鐘草）　恩に感じるという意味を持っています。

て

デージー　可憐な雛菊のことです。赤は無邪気、赤と白は優美、そして野生のものは真面目を意味します。

てんにんぎく（天人菊）　共力、団結してあるという意味に使われます。

と

とうしんそう（橙心草）　やさしい花で、その姿のように柔順を意味しています。

とりかぶと　鳥頭と書きます。悔恨、敵意を現します。

な

なでしこ（撫子） やまとなでしことい うと、日本の少女を表徴する意味に用いられます。なで侍づく子という意味に用いられることも度々であります。又わすれがたみという意味に用いられることもあります。それは源氏物語で、撫子にたとえられた玉鬘の君が、その母の夕顔の君に先立たれた故事によるものであります。ここから、純なそして熱烈な愛を意味します。その他、慎重、用心などの花言葉もあります。

の

のぎく（野菊） 昔、美しい少女がありました。少女は旅に出たなつかしい人の帰りをまっていました。いくらまってもその旅人はかえってきませんでした。少女は日々路傍に立って泣き暮しましたが、ついに化して一本の野菊になりました。野菊は可愛い花です。故郷や障碍の花言葉を持っています。

のばら（野薔薇） 質素、用心を意味します。赤は恋をかくせという意味に使われます。

は

パイナップル これの缶詰は私達が常に食べています。松かさそのままの、おどけた姿をしているのですが、花言葉では、円満な人格者、一点の非の打ちどころもない人などの意味に使われます。

はぎ（萩） 萩は秋の七草の一つに数えられています。萩の花は昔から大宮人の間に愛玩されていました。清涼殿に萩の戸という御室があります。その前の庭にささやかな萩がうつし植えられているからそうよぶのです。昔、巨勢金岡《こせのかなおか》という有名な絵かきがおりました。清涼殿の障子に馬の絵を書いたところ、その馬が毎夜ぬけ出して、萩の戸の萩を食べたと伝えられています。萩は淋しき思いという意味を持っています。

はげいとう（雁来紅） 不老不死の意味に用いられます。鶏頭の一種で、葉の色が賞玩されます。鶏頭は英語でCocks combと言います。鶏の櫛という意味です。どこの国でも鶏に関係のある語をもっているから面白いではありませんか。はげいとうは、普通は雁来紅という漢字をあてられます。

はす（蓮） 蓮の臺《うてな》といえば極楽のことで、仏さまとは深い因縁をもっているのですが、ここでは雄弁のことを意味します。花は偽りの恋、葉は変説、取り消しを現します。

はぜ（櫨） 真心を意味します。

はなしょうぶ（花菖蒲） よい便り、優しい心を現します。

ばら（薔薇） 愛情、美、愛らしさの意味に用いられます。白は「わたしはあなたに報いる」、赤は「愛すれば見つけ得るだろう」、深紅は「顔あからめる恥かしさ」、黄は「愛の衰え・嫉妬」、薄赤は「可憐」を現します。さらに、一重咲は「単純・飾りなき心」、赤の蕾は「明るい愛・希望」、白の蕾は「少女のように」、萎れた白は「しばらくの印象」、赤と白のひと束は「和合・共力」、刺のないものは「初恋・幼時の恋」を意味しています。

ひ

ひいらぎ（柊） 保護を意味します。ひいらぎという木は、文学を研究する人は、じきに思い出す有名な木です。日本の文学では、ずっと昔、平安朝の詩人で有名な紀貫之という人の書いた土佐日記という書物の中にちゃんと出ています。貫之が旅の途中で新年を迎えたときの思い出として、「今日は都のみぞ思いやらるる、小泉家の門の端出之縄、なよしの頭、ひひら木等いかにとぞ言ひあへなる。」と書いています。

ひまわり（向日葵） 時計草とも言います。花も葉も茎も大きくない質のものは崇拝を意味し、花も葉も大きなものは高慢とされていますが、一般的には、憧憬、尊大の意味に用いられています。

ヒヤシンス（風信子） 運動、遊戯、悲哀を意味します。白はさまたげられる恋という意味を持っています。

ひるがお（昼顔） 重荷、きずな、真昼の夢を意味します。藍色は夜、休息を現します。

ふ

ふくじゅそう（福寿草） 悲しい思い出、日本では永久の祝福の意味に用いられます。昔蝦夷の神の国に、クナウ姫とよぶ美しい女神がいました。女神は父の神の命令で、心ならずも地下の土龍《もぐら》の神へお嫁入りすることになりました。結婚の日がきましたが、美しき姫の心は淋しく悲しかったのでした。彼女は結婚を寿ぐ宴の最中に、そっと席を外して、地下の宮殿を逃れました。彼女の足は、なつかしき地上に向ったのです。土龍の神は花嫁の逃げたのを知って怒りました。そして自ら部下を引きつれて後を追いました。「不埒者よ、汝は永久に地の草となって人間にふまれるがよい」神はこう言って、花の如き姫を踏みにじったのです。姫のからだは、そのまま黄色の花がさく可愛らしい草に変ってしまいました。

ふじ（藤）歓迎、恋に酔うを意味します。

ぶどう（葡萄）慈愛、人情を意味します。

ぶなのき 繁栄、栄達の意味に用いられます。

ふよう（芙蓉）清らかな美、明快を意味します。芙蓉の花は朝霧の中に咲いて、夕ぐれの頃にしぼんでいきます。やさしい、美しい花です。支那で芙蓉というのは、たいてい蓮の花を指します。支那では、昔から美人を芙蓉にたとえました。詩人白楽天が長恨歌という有名な詩をつくり、玄宗皇帝が死んだ楊貴妃を思い出して、宮殿の庭を見た時の心持ちを、「太液の芙蓉未央の柳。芙蓉は面の如く柳は眉の如し、此れに対して如何ぞ涙垂れざらん。」とうたいました。

フリージア 純情、潔白を意味します。

フロックス 同意、合意、融合の意味に使われます。西洋のある詩人は「平和」と題した詩の中で、「おお暁の光は来る、今ぞわれ等の頭上に、フロックスの冠を飾らん。」とうたっています。

へ

ベコニヤ 幽思、親切、熱情を意味します。

ベラゴニューム 志操、純潔、意思を意味します。

ヘリオトロープ この花は一番多く香水につくられていますが、値段の安い割合に香りがよいので、みんながよく買うようです。おっとりとした厭味のない匂いをそのままに、花言葉でも敬虔、忠実、献身などの意味に使われています。

ほ

ほうせんか（鳳仙花）我にふれる勿れという意味を持っています。黄の花は短気を現します。鳳仙花は支那から渡ってきた花です。風なきに、ほろりほろりとこぼれる花びらは、たまらなく可愛いものです。

「たたかいは上海におこりいたりけり　鳳仙花紅く散りいたりけり」斎藤茂吉

「女手に炭団まろむる昼久し　散りたまりけり鳳仙花の花」島木赤彦

ほおずき いつわり、静かな美の意味を持っています。

ぼだいじゅ（菩提樹）和合、誓い、結婚、神聖を現します。

ぼたん（牡丹）富貴、誠実などを意味します。

ほていそう（布袋草）動き易き恋、正直を現します。

ま

まつ（松）針のような葉を持った松の木も花言葉では、慈悲、恩恵、勇敢、同情、貞操を現します。

マーガレット 愛を占う、博愛、真実、忠信などの意味に用いられています。西洋の詩に、「おお、マーガレットの花こそわが友なれ、われ死にいたるまで汝を求めん」という一節があります。

まつばぼたん（松葉牡丹）可憐、無邪気の意味を持っています。

まつむしそう（松虫草）お友達からこの花を贈られた時には、すぐに行って慰めてあげましょう。この花は「私は悲しみに包まれている」「死より他に私の途はない」などの意味を現しています。

も

もくれん（木蓮）自然に対する愛、壮麗を意味します。

もみ（樅）高尚、変らぬ心を現します。

もも（桃）伊邪那岐命《いざなきのみこと》が、おかくれになったお妃の伊邪那美命《いざなみのみこと》をたずねて、死の国にいらっしゃった時、神様が女神のあさましい死相におそれ、一目散でこの世にお帰りになろうとすると、女神は怒って黄泉醜女という鬼に命じ、男神のあとを追わせました。男神は命からがら逃げ出して、やっとこの世まできて、そこの桃の実をとって鬼にぶつけました。鬼は閉口して逃げて行きました。桃の実が魔よけにつかわれるのはこの故事によるものです。桃は愛の幸福を現し、花はあなたに心をとられた、木は慰安などという意味に用いられます。

や

やぐるまそう（矢車草）この花は、英語でコーンフラワーと言います。日本では、矢車草と言います。この花は、よろこんで待つ、やさしさ、優美、孤独の愛という花言葉を持っています。

やどりぎ（寄生木）これは大木の股や洞などに宿を借りて成長する、木とも草ともつかないものです。それで変奇、奇嬌、寄食などと呼ばれていますが、場合によっては「わたしは困難に堪える」などとも解されています。

やなぎ（柳）河楊《かわやなぎ》は自由を、しだれ柳は哀悼を、はこ柳は恐怖を、そして猫柳は因循、姑息などを意味します。

やまざくら（山桜）高尚、気品、美麗を意味します。

やまぶき（山吹）気高さ、崇高を現します。太田道灌が狩の帰るさなか、武蔵野の野辺で村雨にあいました。賎が家に立ちよって蓑を借りようとすると、少女の紅皿は無言のまま盆に山吹の花を数朶のせて出しました。「七重八重花は咲けども山吹の実の一つだになきぞ悲しき」という古歌の意味をきかせたのです。これは山吹の有名な伝説です。

ゆ

ゆうがお（夕顔）紫式部の書いた源氏物語の中に、夕顔の巻というのがあります。光の君が、京の五條のあたりで、夕顔さく宿を訪れると、そこには尼君と美しい少女とがいました。少女は、美しい文字で、次のような歌を扇に書いて若い光の君におくりました。「心あてにそれかとぞ見る白露の光添へたる夕顔の花」この花は、夜、又は休息の夜という意味を持っています。

ゆり（百合）日本では草花の王だとされています。白は純潔、温和、快活を、赤は友情、信実などを現します。そして黄は虚偽、華美、虚栄などを意味します。

よ

よもぎ（蓬）幸福、平和、再会の意味に用いられます。

ら

ライラック 野生は謙遜、紫は恋の最初の感情、白は青春の無邪気を意味します。

り

リラのはな 白い花は少年、無邪気、希望を現します。牡丹色は成長、目覚め、自覚などを意味します。

りんご 果実は誘惑や迷いなどの意味で、フランスの詩に「わがこころ、ひねもすりんご畑にさまよえり」という一節があります。花は撰択、熟慮、良い名声、樹は懺悔、告白などを意味します。

りんどう「あなたの悲しみの時出来るだけ心配しましょう」という意味に用いられます。

れ

レモン 花は恋に忠実という意味を持ち、果実は風味や妙味を現します。

れんぎょう 希望、望み、属するを意味します。

れんげそう 感化、幸福を意味します。

ろ

ろうばい（蝋梅）慈愛に富むという意味に用いられます。

ロベリア 悪意、敬意などを現すもので、絶好の場合などに用いられるのです。

わ

わすれなぐさ（勿忘草）　この草の名を知らない人はいないでしょう。友人、親子、兄弟、姉妹など、その他すべて人々が別離の場合には、必ずこの名を口にして、そのつきぬ別れを惜しむのです。また西洋には婚約の若き騎士と少女とが、夕方ダニューブ河の岸を散歩していました。ふと少女は岸の端にさきほこる美しい紫色の花をみとめました。「ああ美しい花」こう少女が言うと、騎士は芝草の根にすがり手をのばして、その花を折りとったのです。とたん、不幸にも騎士は足をすべらして、ダニューブの激流にのまれてしまいました。「君よ。我を忘れ給うな」これはその騎士の最後の言葉となりましたという物語があります。

この花は、英語ではフォーゲット・ミー・ナットと言って、「私を忘れないでください」という意味です。

少女趣味

組合せ花言葉と色彩花言葉

松美佐雄・編（『少女画報』大正15年4月号より一部を転載）

二種合せた花言葉

蕾のローズ—きんぽうげ　希望、私は望みを励ます。

ローズの花束　美、彼女はおなじじゃない。

野薔薇—三色菫　私の唇は私の心と一致します。

白菊—桜草　廉直、貞節は純な胸を宿とします。

金蓮花—雛菊　献身、彼に境界はありません。

百合—白花のローズ　無邪気、貴女はどんな空想を画いて居ります。

金盞花—松虫草　後悔、私は貴君の威儀をもつことをします。

美人草—水仙　貴女を除いて私に写るものはございません。

三種合せた花言葉

苺—コメ粒うまごやし—チューリップ　善、貴君を崇拝します。

リラの白花—葵—リラの赤花　臆病、貴君は私を忘れた。

黄水仙—チューリップ—赤花の天竺葵　私は美しい貴女の親友となることを望みます。

百合—リラ—夾竹桃　私は決して貴女よりほかに友を持ちません。

椿—三色菫—菫　貴女はいつも私のことを思って居て下さいますか。

ツツヂ—夾竹桃—白花のリラ　貴女は貴女の友である私を常に思い浮べて居て下さいますか。

四種合せた花言葉

三色菫—昼顔—きんぽうげ—蕾の薔薇　誠実、貴女は若く美であります。

百合—雛菊—矢車草—芍薬　私は無邪気で純であることを名誉といたします。

リラ—紫陽花—天竺葵—ジャスミン　私は純な愛に目ざめました。

紫羅欄花（あらせいとう）—チューリップ—椿—ダリア　貴女の美しさと優しさは私の堅い心を動かそうとして居ます。

色彩の花言葉

鶏頭色　冷淡、不朽、堅忍

白色　親愛、純、愉快、正義、無邪気、自由、質素

青色　愛、貞節、純、精神教育、信心、智慧

濃褐色　深い苦痛

褐色　謙遜
深紅色　真正の信仰
緋色　聡明
茶褐色　疑惑
枯葉色　老年、滅亡
鼠色　憂鬱、沈める悲哀
鉄鼠色　勇気
亜麻鼠色　不変の愛
肉色　健康
藍色　祈り
黄色　富、高貴、光栄、華美

浅黄色　虚偽
リラ色　友情、純なる愛
黒色　喪、愁傷、暗黒、死、メランコリー
金色　壮大、権力
オレンジ色　光栄ある愛
三色菫色　思い出
ローズ色　少女、可憐、心変り
赤色　怒り、火、熱情、残忍
金盞草色　悲愁
緑色　希望、愛情、青年
菫色　不変、悔悟、嫉妬

大正

花言葉番附

編者不明（『キング』大正14年1月創刊号より転載）

大衆娯楽雑誌『キング』創刊号の新年特別附録「趣味と実益　新案番附六十種」に掲載された「花言葉番附」。当時の花言葉人気がうかがえる。

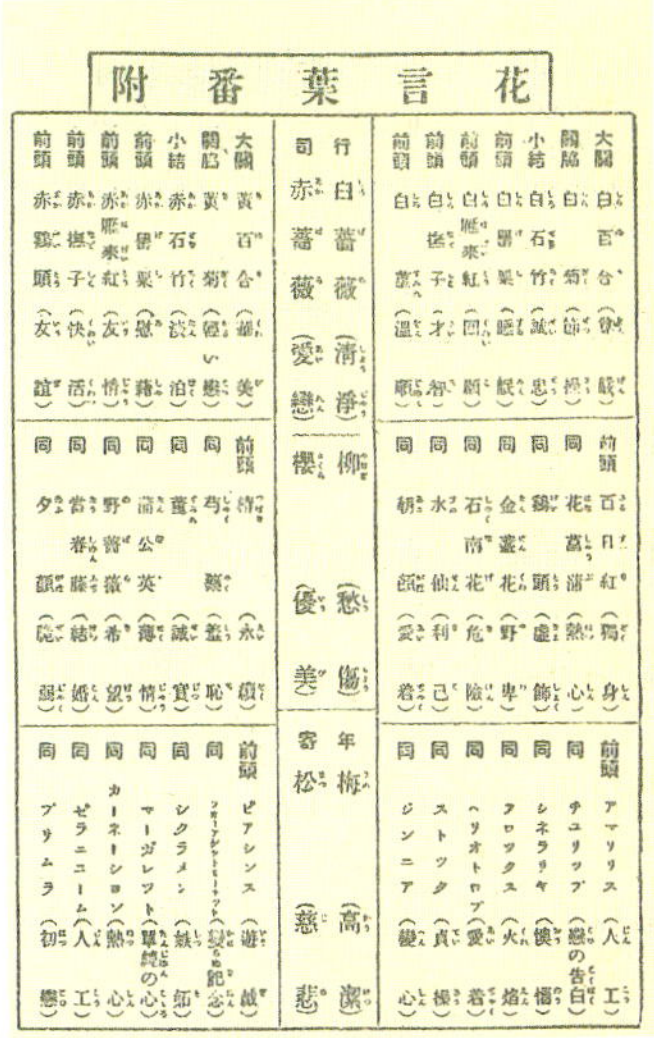
花言葉番附

大関　白百合（威厳）
関脇　白菊（節操）
小結　白石竹（誠忠）
前頭　白罌粟（睡眠）
前頭　白雁来紅（回顧）
前頭　白撫子（才智）
前頭　白菫（温順）
前頭　百日紅（独身）
同　花菖蒲（熱心）
同　鶏頭（虚飾）
同　金盞花（野卑）
同　石南花（危険）
同　水仙（利己）
同　朝顔（愛着）
前頭　アマリリス（人工）
同　チユリップ（戀の告白）
同　シネラリヤ（懊惱）
同　フロックス（火焔）
同　ヘリオトロプ（愛着）
同　ストック（貞操）
同　ジンニア（變心）

行司　白薔薇（清浄）
司　赤薔薇（愛戀）
柳（愁傷）
櫻（優美）
年寄　梅（高潔）
寄　松（慈悲）

大関　黄百合（華美）
関脇　黄菊（薄い戀）
小結　赤石竹（淡泊）
前頭　赤罌粟（慰藉）
前頭　赤雁来紅（友情）
前頭　赤撫子（快活）
前頭　赤鶏頭（友誼）
前頭　椿（永續）
同　芍薬（羞恥）
同　菫（誠實）
同　蒲公英（薄情）
同　野薔薇（希望）
同　常春藤（結婚）
同　夕顔（脆弱）
前頭　ヒアシンス（遊戯）
同　フオーゲットミーナット（忘られぬ記念）
同　シクラメン（嫉妬）
同　マーガレット（單純の心）
同　カーネーション（熱心）
同　ゼラニユーム（人工）
同　プリムラ（初戀）

花言葉双六　林唯一画、少女の友編輯部案、『少女の友』大正15年1月号付録

女学生隠し言葉

高畠麻子

いつの時代も仲間同士だけで通用する言葉（隠語）は存在し、そこにはそれらが使われた時代が反映されている。現代の少女たちにも「ギャル語」と言われる隠語が存在するように、大正少女たちも多様な隠語を使っていた。それらは主に高等女学校（大正期に全国的に普及）において使われ始め、当時の少女たちのコミュニケーションの場であった少女雑誌によって広がっていった。

大正15年の『少女画報』（4月号）には、16ページにもわたって二八九個の大正少女の隠語が紹介されている。編集者が実際の女学生から集めたり、聞き取り取材をした言葉をまとめたものであるが、「○○高女から流行り出す」など言葉の出典が示されていることは興味深い。時には語源や用法など「目下調査中」というものもあり、リアルタイムでの大正少女の言語感覚が伝わって来る。

女学生の隠語にはいくつかの傾向が見られる。恋愛、学校生活、交友関係についての言葉が多く、悪口（友人や先生の容姿や性格、行動を指すものが多い／特に多いのは男性の頭髪についての隠語）や褒め言葉の語彙も豊富である。短縮言葉や外国語（英語だけでなくドイツ語、フランス語、韓国語、ロシア語など多様である）と混用したものなど、少女たちの発想の自由さがうかがえる。またテニスなどスポーツ用語からの派生語もしばしば見られる。隠語のほとんどは時代とともに使われなくなるが、中には【サボル】や【デコル】など、多少意味の変化はあっても、現在でも使われている言葉が見られる。

他にも大正末から昭和初期にかけて『婦人倶楽部』には「現代女学生流行語辞典」という連載コーナーがあり、『婦人公論』では「女学生間に流行する隠語」という記事が掲載されている。この時期、女学生の隠語は、それが「辞典」として紹介されるほど人々の注目を集めていて、充実した少女文化現象の一つであったことがわかる。婦人雑誌の「隠し言葉」関連の記事は、『少女画報』の辞典に比べると量的には少なく、また語源が不明とされているものが多い。大人の編集者には、少女の言語感覚が理解し難いということであろうか。『婦人倶楽部』や『婦人公論』に記載されている言葉は『少女画報』の「隠し言葉辞典」と重複しているものがほとんどであるが、中には『少女画報』に載っていないものも紹介されており、新しい「隠し言葉」が少女たちの間で次々と生まれていることが推察される。

これらの隠語からは、当時の女学生が外国語に親しんでいたこと、映画などの流行情報に敏感であったこと、テニスやスキーなどの外来スポーツが普及していたことなどがうかがえる。また雑誌というメディアにこうした言葉が頻繁に掲載される背景には、前述のように雑誌が少女たちの情報源であり、コミュニケーションの場であるということの時代特有の少女文化のありようを見る事ができる。さらに、女学校や少女雑誌という社会から閉ざされた空間で交わされる大正少女の「隠し言葉」が、彼女たちの感性の柔軟さと発想の自由さ、その瑞々しさとユーモアゆえに、少女のコミュニティを超えて社会（婦人雑誌など）へと広がって行ったことは特筆すべき現象である。

次のページに掲載する「大正 女学生隠し言葉（流行語）」は、「現代女学生隠し言葉辞典」（『少女画報』大正15年4月号掲載）、「現代女学生流行語辞典」（『婦人倶楽部』大正15年4、8、9、12月号掲載）、「女学生間に流行する隠語」（『婦人公論』昭和3年2月号掲載）を参考にまとめたものである。読みやすさを考慮し、適宜、句読点を加え、旧字は改めた。現在では差別的表現とされるものもあるが、時代性を伝えるためにそのまま使用したものもある。

大正 女学生 隠し言葉《かくしことば》（流行語）

ア

アウト 「的外れ」「思いが通じない」などの意味。テニス用語より転化。

アーク燈 頭のハゲた先生の意味。「デンキ会社の社長さん」などと同じ意味。英語のarc-lampより来る。

アブさん 風変りの人の総称。「あの人は普通じゃない、少しアブさんよ」などという。英語のabnormalより来る。

甘薬 甘い人。

あまのぢゃく（あまのじゃく） 故意に人の言うことに反抗して、妙に片意地を張る人。

アナウンサー 最近女学生間で流行し出した隠語で、無闇に人のことを告げ口する人。

天の橋立 はげたおつむり（頭）の形容語。

あぢさい（あじさい） 気の変りやすい、冷淡な人。

アネキ お姉さん。親しみの言葉として盛んに用いられている。

アメーバ 得体が知れずわけのわからぬ人。

アデイウ（アデュウ） 永遠にさようなら。近頃はグードバイ（グッバイ）などとは言はない。フランス語のadieuの方がやわらか味があるのでこの方が使われる。

アステイ いい身分の人。大家のお嬢様。多少蔑すむ意味も含まれている。『今日は三越、明日は帝劇』（※）より採ったもの。

（註※）大正2年の帝国劇場パンフレットに掲載された三越の広告で使われたコピー

アルファ、オメガ 上級生と下級生との愛情の極度に濃い形容語。同性愛の最も熱烈な場合をさす。アルファは英語のalphaで、始めの意味があり、オメガはOmegaで終りの意味がある。

アヅケラレル（預けられる） 結婚するという意味。語例として「××さんは○○さんにあづけられるさうです。」この隠語は青森地方の女学校で流行。

アツカン スチームのこと。熱い管だから。

アイスクリーム 継母のこと、甘いようで冷たいから。

アマショク 新婚の御夫妻。本当のアマショク（甘食）は甘くて二つついているパン。

ありのすさび組 気まぐれ、お天気さん。その時々によって気持ちの変わる人のことを上品に形容した言葉。古歌に「ある時は ありのすさびに語らはで 恋しきものと 別れてぞ知る」とある。

あら、紅雀が飛んできた あら、おちびさんがやって来た。

あれ 性的魅力のある人。クララ・ボウ主演の映画「あれ」からとったもの。語例「大した美人じゃないが、あれのある女でね」

アーブラシッキンキン、テントマタゲ、ハーリノメドクグレ 「きっとよ」とか「約束したわ」とか言う時に、これを早口に言う。「アーブラシッキンキン」の語源は不明。

イ

インテリゲンチャ ロシア語のintelligentsiyaで、本来の意味は知識階級であるが、隠語では高慢ちきな人のことを指すのに用いる。

一世紀 時代遅れ。

イモキ 妹のこと。

イシンデンシン 自由結婚のこと。以心伝心より来る。

有望（いうばう） 未婚者のこと。前途有望より来たもの。

一点張 遅刻した人のない人。頑固な人の意に用いることもある。

イヒ 私。ドイツ語のichをそのまま借用。

一対 愛人同士。

ウ

ウエイトレス けばけばした装いをして学校に来る人、女給を連想させるから。

ウーマン 大人ぶった人。処女の反対の意味。

ウエデル 音楽家のこと。上野の音楽学校を出た人が多いから。

ヴァレシャン ヴァレンティノ的の美人。すなわち眼のきれいな人。

ヴォレル　テニス用語のボレーより来る。ボレーは、先方の猛直球を軽く止めてポロリとネット際に落すプレーで、そこからうまくあしらうとか、拒絶するとの意味の隠語となった。

ウメボシ　老人のこと、しなびているから。

エ

エス・S　sister の頭文字。お姉さん、妹さんなどの意。主として妹に使用。

縁日のステッキ　頭のはげた人、わずかに残った毛が縁日のステッキのように一本一本並べられているのを形容したもの。

衛生美人　ブスな人のこと。顔は悪いが、身体が丈夫だという意味。

閻魔帳　教師が持っている採点帳のこと。

エンスコラー　縁日のことをよく知っている人。縁日学者。

オ(ヲ)

オス　「おゝ素敵」の意味。主としてスタイルなどに対する賞讃の言葉。三輪田高女から流行り出す。

オジヤン（オジャン）　鐘の意味。女子学習院の特有語。鐘はジャンと鳴るから。語例「オジヤンでございます」は「鐘が鳴りました」ということ。

おぼろ月夜　おつむり（頭）の毛が薄いこと。

御地蔵さん　沈黙家。

オカチン　仲の良い事。「カッチン」とも言う。お茶の水高女から流行り出す。

オンチ　低能者のこと。お馬鹿さん、少し足りない人。一高より流行り出す。

オッパー　追払う、排斥する、嫌われる。語例「あの人大嫌い、私、オッパーしてやったわ。」

オタクラ　出駄らめ（でたらめ）。

オステ　「オス」に同じ、おゝ素敵の意。

オメ　上級の女性が下級の美少女を情的に愛すること。

オタンコナス　馬鹿のこと。

お壕の巡査　水泳中の犬かきのこと。お壕で人が溺れそうになった時、巡査が犬かきで助けたというところから転用した。

お姉さま　反対語は「お妹さん」。上級生と下級生との一対を言い表した隠語。

オーソリティ　本来の意味は権威者であるが、隠語としては、ぶる人、えらがる人。

オレンヂ（オレンジ）　ご褒美を頂いた人。オレンジが光栄を意味するから。

オミカン　家庭円満のこと。みんなで仲よく一つ所にいるから。

お天気　ヒステリーのこと。降ったり晴れたり、すなわち泣いたり笑ったりするから。

オチャラ　定子と言う人の名前。ニックネーム「オチャダ」から出たもの。

カ

カッチン　お茶水高女から流行り出した言葉。「怪しい」「様子が変だ」「仲がいいようだ」など想像の言葉。

金仏（かなぶつ）さん　いくら騒いでも黙っている人。

カニ　何か言う時に、口から唾を泡のように出す先生の総称。東京頌栄高女より流行り出す。

華宵式　魅力のある人の形容語。目下盛んに使われている。

ガッカリアイエン人　結婚した人のこと。主として、クラスメートであった人などの間で用いられる。未婚の友人側から名付けたもの。

ガックリ　がっくりした。又は惜しいと言う意味。

金仏様　無口な人。金物様のように黙っているから。

カミ細工　安っぽい人。

風引雀（かぜひきすずめ）　寒い時分、いつも丸くなっている人の事。ちょうど雀が風邪でもひいたようだから。

からたち　肺病の人のこと。やせていてコツコツしているから。からたちとはトゲのある白い花の咲く木。

カトレーンシャン　スタイルシャンのこと。ジャック・カトレーンのスタイルがいいところから来る。

カクカク　活動の弁士のこと。

カット、カット　甘い情景のこと。たとえば上級生と下級生が睦まじく語り合うところなどを見ると、「カット、カット」と言って手を叩く。カットは英語のcutで、「切る」という意味。封切り前の映画の検閲で、甘い場面がカットされるので、このように用いられる。

カナリヤのおいでよ　もう品評会はやめましょう。おしゃべりさんが来たからこれでやめましょうという意味。

キ

キンセン　琴線、心の緒。「キンセンにふれた」心情に深く感動を受けたこと。

キバドロ　気取り屋、つんとすます人。

キモチ　「いやだ」という意味。気持が悪いと言うところから出たもの。

キタ　お昼の事。

ギロチン　意地悪い試験官のこと。仏語のGuilotine（断頭台、フランス革命時代に死刑執行の時に用いられたもので、フランス人ギロチンが発明したものである）から取った。

鬼門　嫌いな学科の時間。用例「こんどは鬼門よ　いやになってしまうわ」

久太る（きゅうたる）　耳を引っ張ること。宮城県第一高女の専用隠語で、同校に久太郎先生という人気のある先生がいらっしゃり、この先生は生徒の耳を引っ張るのが癖だそう。これが転じて久太るとは耳を引っ張ることとなった。

ク

クロスゲーム　熱烈なる友だち同士の交わり。英語のCross gameで、本来の意味は接戦のこと。

くちなしの花　不幸せな方。

孔雀　高ぶる人。

クライマックス　試験問題で出そうな所。やま。アンダーラインを試験前にひいて置くような所。本来の意味は英語のClimaxで、頂上とか最高潮とか言う意味。仲良しの絶頂に達している時を言う。

クダラ　「仕様がない」「始末に終えない」という意。用例「随分、あの方はクダラね」

クライン　ちびさん。背の低い人。ドイツ語のKreinより来る。

クリームフィンガー　ご婚礼。クリームがお仲人。

クララシャン　クララ・ボウのような美人。同様にジョン・ギルバートに似た美男子を「ギルシャン」、林長二郎（長谷川一夫）に似た優男を「チョーシャン」といった具合に、次から次へと新しい隠語が生まれている。

ケ

ゲル　マネー（お金）のこと。ドイツ語のgeldより転用されたもの。

K、K、K　仲のよい三人組み。

健脳丸　忘れっぽい人のこと。健忘性の人がよく飲む薬だから。

コ

弘法大師を祭る　茶話会を開くこと。空海は「食う会（くうかい）」に通じる。

コスモスさん　自己主義で、非団体的な人。英語Cosmopolitanの語音より来る。

コスメル　おしゃれすること。青森地方での流行語。

コリ　不良少女や不良少年のこと。コリは狐狸で狐や狸のように、人を化かすから。

ゴネル　亡くなる事。「お気の毒ねえ、あの方はごねてしまったわ」などとよく言う。ちょっと下品に聞える隠語であるが、言葉の起こりは、極めて上品である。ごねるは御涅（ごね）るで、御涅槃（ごねる）を動詞化して用いた言葉である。御涅槃（ごねる）とは、お釈迦様の死を貴んで言う言葉である。

ごぬけ　ぼんやりしていること。「ご」は豆の穂（エキス）のこと。「ごぬけ」はその「ご」が抜けてしまったという意味。

ゴンダトナー　「死んだ」「死ぬ」などの意味。

コレミネーション　「これをごらんなさい」という意味。

コーンドビーフ（コンビーフ）　鉄道で通う務人《つとめにん》や学生のこと。缶詰のコンビーフのように、列車にぎゅうぎゅう詰めにされているから。

金輪際　非常に深い愛情のこと。本来の意味は仏教で説く大地の最下底、つまり大地の下。これから転じて底の底までとか、どこまでもとかいう意味で使われる。語例「S子さんとH子さんはとても金輪際よ。」

小鳥品評会　小鳥になぞらえて、人を批評すること。語例「S子さん、K子さん、小鳥品評会を開かないこと?」「ええ、いたしましょう。」

サ

サーヴァー　好きな人を求める人。テニス用語から転じて隠語となる。反対に愛される人の事を「レシーヴァー」と言う。愛する分量が多い方をサーヴァー、少ない方をレシーヴァーと言う。持ちかけた人の思いが通じなかった場合は「ダブルフォルト」、美事に通じた時は「スマッシュで極まった」、長く交わりが続くのは「ロビングで打ち合う」など。

象牙（ザウゲ）の塔　学究的で超然とした人。本来の意味は英語の ivory tower の訳語で、騒がしい実利的な現実社会から逃れて、自分一人の乱れない生活を楽しもうとする人の隠れ家のこと。

サボル　授業などを休むこと。フランス語の sabotage で、怠業、仕事を怠けるという意味。

ザクロ　情熱家。柘榴《ざくろ》の赤く熟れた様子が、燃えるハートを連想させるから。

ザン　残念という意味。

薩摩の守（かみ）　汽車や電車のただ乗り。

ザクバラ　ざっくばらんの略語。「簡単に」「あっさりと」という意味。「そんなに隠さないで、ザクバラに言いなさいよ」

サンエス　内気な人、陰気な人。サンエスインキから出たもの。

寒かろ住宅　バラック式の文化住宅のこと。

ザンギリ　断髪の不美人、美人でない人が毛を切っていると断髪とは言わないでザンギリと言う。

雑音が入る　やかましいこと。教室などでガヤガヤすること。ラジオ用語から来る。

シ

シャン　美しい。ドイツ語の（Schön／シェーン）から訛ったもので、これには色々と種類がある。トテシャン（とても美しい）、ヨコシャン（横顔が美しい）、マエシャン（前顔が美しい）、トウシャン（遠くから見ると美しい）。

ジョーキポンプ　蒸気ポンプで、鐘が鳴るとすぐ教室へ入って来る先生の総称。つまり几帳面すぎる先生のことである。どこの学校にも一台や二台は必ず備え付けられている。

新田の水瓜　大阪市岡高女生をさす。昔、市岡附近は新田と云って水瓜《スイカ》の産地だったという。また水瓜は表面が青黒くても中味は赤い、すなわち市岡高女生は黒い上着を着ているが、そのハートは赤く燃えているということを意味する。

ジャズさん　やかましい人のこと。近頃流行のジャズバンドより来る。

ジプシィ　たびたび転校する人。本来の意は英語の gypsy（ジプシィ）で、自分の国がなく、旅から旅へと漂泊している一種族の名。

シャッポ　やり損ねた。当てが外れた。

シュークリーム　心の弱い意志薄弱な人。

シャンナイスクール　東京府立第二高女のことを他校生などがこう呼ぶ。「シャン」は美人の隠語で、シャン（美人）無いスクール（学校）、すなわち美人のいない学校の意味である。しかし、この隠語には同校生徒も大いに不服があるらしい。「美しい人は沢山いるけれど、服装が地味なため、目立たないばかりです。シャンナイスクールなどとはけしからない事です」とある生徒は語る。

シコシコスル人　餅などを食べる時「しこしこしておいしい」と言うが、それと似た感覚で付き合い甲斐のある人のこと。

シーン　下級生と上級生とが仲睦まじく語り合っている光景を言う。本来の意味は英語の Scene で、光景とか、場面のこと。

ジャンボル　庭へ出て騒いで遊ぶこと。本来はジャンボリー（Jamboree）で少年団の運動競技などに用いる。

常習イライラ　いつも、いらいらしている先生のこと。

ジャック　若干より来た隠語で、少しばかり、いくらかと言った意味。

島津公　「みんなで島津公を食べましょうね」とは、「おさつ（やきいも）を食べる事」だそう。つまりは、さつまは島津公の領地だからである。

シャゴマ　この頃のハイカラぶっている女、髪の毛をシャゴマのようにゴチャゴチャにしているから。

シウマイ（シュウマイ）　いつまでもいつまでも一つのことを言っている人。

塩豆　経済家のこと。何から何まで豆々しくするから。

シャンデリヤ　頭のはげさん。シャンデリアのようだから。

紫外線の影響　理由は分からないが何とも言えない神秘な影響のこと。眼に見えない光線というところから、この隠語が生まれた。語例「あの方、近頃何だかいやにうれしそうね。きっと紫外線の影響よ。」

十姉妹みたいね　十姉妹（ジュウシマツ）みたいに仲が良いわね、ということ。

ス

スペ　英語のSpecialから来たもので、立派とか素敵とかいう意味。語例「貴女のショール、とてもスペね」

スゴイ　スペと同意味。姿や装いに対する最上級の形容詞。「あの人スゴイわね。」などと言うのは、凄いほど美しいという意味。

スフィンクス　わけの分からない人、謎の人。英語のSphinx（スフィンクス）で、エジプト古代に造られた、頭が人間で身体が獅子の形をした怪像。

スコテイ　少し低能の人。語例「あの方、スコテイね」

スタンバイ　見惚れる、惚々《ほれぼれ》とする。語例「私、あの人の姿にほんとに、スタンバイしちゃった」英語のstand by（そばに立っている）から来た新隠語。東京府立第一高女で流行中。反対語は「ドタンバイ」、つまり不格好の意味。

スマッシ　すます、気取る。テニス用語より転化。

ストローク　仲のよいこと、熱烈。

スコドン　スコ鈍。少し鈍いということ。

スコブル　スコシぶる人。

スタイルシャン　スタイルのいい人。略して「スタシャン」とも言う。

ズベ　だらしがない人。

スウートポーツト　田舎者。スウーッと出てきてポーッとしているから。又スウィートポテトー（スイートポテト）の中で育ったから。

セ

セコハン　古物。二度人手に渡った本などのことを言う。英語のSecond hand（セコンドハンド／セカンドハンド）より来る。

セメンタル　センチメンタルな事。感傷的な人の形容語。

絶対安静　ご飯を食べずにいること。動くとお腹が空くから、静かにしていると言う意味。

セク　一癖ありそうな人物、又、土方や馬方のことも指す。

千一　うそつきの事。本当のことは千に一つ位しかないというところから来る。

セキセイの感じね　何だか滑稽じみているわね、という意味。

接戦　クロスゲームとも言う。熱烈の意味。語例「とても接戦ですってね」「ええ、とてもよ。K子さんが3で、S子さんが2よ」「あら、K子さんがリードしているの？あたし、3オールかと思った」

タ

タコ巻き　市岡高女特有の髪の毛の結い方。同校先輩、戸田定代嬢の髪がその先祖である。

ダブル　思いが通らないこと。テニス用語より転化したもの。

タランテラ　小鳥のように快活な乙女。本来の意味はtarantella（タランテラ）で、軽快な六拍子の舞踏曲。

竹早《たけはや》タイプ　活発で男性的な様子。東京府立第二高女気質。

ダンチ　段違い。語例「かるたやりましょうか」「だめよ、とてもダンチだから・・・」

タドンバイ　「ドタンバイ」と同じ意味。醜い。様子が悪い。「スタンバイ」をご参照下さい。

タンシン　あなた。これは朝鮮語をそのまま使っている。

タギル　胸が躍る。わくわくする。

ダンケ　有難う。ドイツ語のDankeをそのまま使用。

タルガキ　太っている人。たる柿のような人。

ダラ　品行の悪い人。

炭酸瓦斯《たんさんがす》（炭酸ガス）　活動写真館のこと。「炭酸瓦斯を吸いに行きましょう」は「映画を見に行きましょう」の意味。

タイラント　級の中などで威張る人のこと。英語のtyrantで、暴君、暴主から転じたもの。

タンテ　女の先生の総称。ドイツ語のtante(伯母さん）よりとったもの。

タコ　よっぱらいのこと。タコのように赤くなっているから。

立往生　銀行のこと。バンクをパンクと言い換えて、車輪がパンクした時、立往生するから。

高島愛子　お転婆娘のこと。高島愛子がお転婆なところから来る。

膽汁質　感情に支配されないどっしりとした人。周囲で騒いでも、自分だけは平然としているような人。

ダブルフォールト　略してダブルとも言う。思いが通じないこと。「私、どうしてもあの方にはダブってばかりいるのよ」と言えば、「私の気持ちは、どうしてもあの方に通じないのよ」と言った意味になる。テニス用語より来る。

チ

チン　「さん」という意味。東京府立第一高女などから流行り出した言葉。「近チン」「齋チン」などは、「近藤さん」「齋藤さん」のこと。

チョンチョン　変だ、怪しい。語例「S子さんとK子さんは何だかチョンチョンよ」

チビル　テニス隠語。小さい球を前に落す。

チチチ　おしゃれで浮気者のこと。けばけばしい装いをしているばかりでなく、性的魅力を多分にもっている人のこと。語源はジャズ音楽で、最も浮ついた調子を帯びた「チチチ」から来る。

チャコ　久子と言う名前の人の呼名。

直滑降　一本調子の人のこと。カッコウとも言う。スキー用語から転じたもの。

チャンチュー　愛らしい男の子の事。語源不明。

チョンガー　独身の先生。チョンガーは本来、朝鮮語で独身者のことを言う。

チョコレート　ダンスの好きな人。深谷綾子が、チョコレートが好きだったので。

ヂャヂャ馬（じゃじゃ馬）　お転婆のこと。

地震の孫　風のこと。

重箱主義　針先や楊子の先で重箱の隅から隅まではじくるような干渉ぶりを意味する。

チンクシア　チンチンがくしゃみをしたような顔の人。

中耳炎　受話器のこと。耳がガンガンすると言うところから来る。

チャーンス　一生懸命、しっかりなどという意味。

チャン料理　しつこい人。中華料理はしつこいから。

ヂャンヂャン　非常にとか、一生懸命にとか、強くという意味の副詞として用いられる。語例「Hがヂャンヂャン怒っていた」「追いかけて来たからヂャンヂャン逃げてやった」。似た意味の隠語に「モリモリ」があるが、こちらは「どっさり」といった意味にも用いられる。

ツ

月見草　いつも黙り込んでいる人。

ツンシャン　芸者のこと。三味線をひく美人だから。

ツンボ　活動写真や芝居の一番後ろの席。つんぼのように科白《せりふ》が聞こえないから。

テ

デコル　おしゃれするという意味。デコルは英語のdecoration（飾り立てる）から転じたもの。これを動詞のラ行四段に活用させ、デコラン、デコリ、デコル、デコレなどと活用自在に使用する。

伝クン　眼と眉毛の間のせまい人。映画俳優、鈴木伝明を連想させるため。

デパートさん　八方美人的の人のこと。デパートメントストア（百貨店）から来たもの。

テンヤ組　わいわい騒ぐ人達。「てんやわんや」より来る。

デラメカス　こてこてしゃれる。

デンヤラレル　叱られること。お目玉をもらうこと。

田紳　やぼ臭い先生のこと。本来は田舎紳士といった意味。

テンムシ　点取り虫。夢中に試験勉強をする人。

テコテン　貞子という人の略語。

停電する　落第すること。

てんやわんや　大勢でわいわい騒ぐ。やかましい人たちを「てんやわんや組」と言う。

デンガラすっぽ　滅茶苦茶、いい加減なこと。語例「あんなデンガラすっぽばっかり言って、信用がなくなるわよ。」

ト

トウスト　嫉妬心深い人の事。きつね色に焦げた焼パンから転化させたもの。

トテシャン　シャンの項目を参照。

トンファー　とんまな顔をする人のこと

トタンバイ　醜い、様子が悪い。「スタンバイ」の隠語参照。

トクダネ　耳寄りな話。

ドッペル　落第する。ドイツ語の dopper より転用。

トリック　「あの人、トリックがうまいわよ」などと言う。隠語としての「トリック」は、カンニングのこと。すなわち試験場で盗み見か、何かの悪いことをこっそりやるのを「トリックを使う」と言う。

トレトニア　テナー歌手藤原義江のこと。松江市から流行り出した。義江の亡父元英国総領事リードは、生前非常にこの花を愛したことから、義江をこう呼ぶようになった。

トンシャン　豚のように太った人。青森地方の女学校で目下流行中。

トテモ　元来は「とても××出来ない」というように否定の副詞であるが、近頃は「非常に」とか「素晴らしく」という意味に用いられる。

トロットナル　何かに感動して、うっとりすること。

ドタ沓《グツ》　悪くなった靴。靴ばかりでなく古くなったもの。

ドカン　頭の悪い人、低脳の人。「鈍感」より来る。

トンチャン　父親のこと。小さい子が父さんのことをトンチャンと呼んだことがあったため。

虎　ラグビー戦のこと。ラグビーの選手が着ていたユニフォームが太い横縞で、まるで虎のような感じがしたため。英語読みで「タイガー」とも言う。

ドンキュー　荏原《えばら》中学のこと。ドンキューがはいていたような、グズグズのズボンをはいた学生が多いから。

時計　お腹のこと。「お時計がゆるんだ」はお腹が空いたの意味。

トッカピン　意気旺盛なこと。

ドン・ファン　土曜日のこと。逆さにいえば「はんどん」だから。

ナ

ナッフンサラミー　悪い人。これは朝鮮語をそのまま使っている。

ナガス　ぶらぶら歩くこと。東北地方の女学校で流行している。

長靴　郊外のこと。道路が悪くて、長靴でないと歩けないから。

内務省　お金の持ち合わせのない時など、「今日は内務省よ」などと言う。

ナマ妙法　仏教かぶれした人。

ナイトイイナー　舅《しゅうと》、姑《しゅうとめ》のこと。無いと良いから。

ナカヤ　銀座のことをよく知っている人。銀座通のこと。

ナイフ　男の独身者、ワイフのいない人。

ニ

ニグロ　色の黒い人。土人 negro を連想するから。

二銭銅貨　頭の真中にハゲアル人の形容語。

ニヤリスト　にやりにやり笑っている人。

ニコ　八方美人的な人。ニコポンより来る。

ニコポリスト　「ニコ」と同じ。

ニューカッコ　東京に住んでいる人。いつも下駄がきれいだから。

ネ

ネチ　女学校では熱烈と言うような意味の隠語がたくさんあるが、これもその一つ。語例「K子さんはN子さんに、とてもネチよ。」

ネー　「はい」返事の言葉。「芳子さん」「ネー」猫が鳴くやうで、愛嬌のある隠語である。朝鮮語をそのまま使っている。朝鮮の女学校から流行だしたもの。

熱病患者　赤ん坊のこと。訳が分からないことを言うから。用例「私の家には、また熱病患者が発生したわよ。」

ネオ　新しがりや。本来の意味も、新とか最新とかいふ意味の接頭語である。

ノ

ノスタルジア　学校などからよく故郷の空を眺めて物思いに耽る。英語のnostalgia。

ハ

羽子板　首が長く、あごが出ている人の形容隠語。東京頌栄高女から流行り出す。

パートナー　エスと同意味。本来の語意は英語のPartnerで相棒のこと。

ばってん　「だから」「故に」「よって」などと言う意味。長崎の方言だが、近頃は関東でも隠語に使われる。

バウ　熱烈に思い合う。語源不明。「ネチ」や「とても」より一層熱烈な時に使用。「バウ」は多少性的な意味を含んだ隠語なので、公衆では使われない。

ハンドイン　仲よし。英語のhand in handより来る。

パリ　素敵とか新しい、素晴らしいと言う意味。語例「あなたの洋服はパリね。」また「あらパリね、風月のね。」など食べ物の美味しいことにも使う。

ハリガネ　やせている人。針金のように細いと言うこと。

埠頭《はとば》　学校のお便所。お休み時間に行くと、「はとば」のように混んでいるから。

ヒ

ビロードの鼻緒　眉の濃い人の形容隠語。

ビル子　おしゃれの人。丸ビルに通う女事務員に似ているような人。

ピー太郎　邪気のない、子どもらしい人のこと。最近の名映画「ピーターパン」より採る。

ピカー　一枚看板、学校での人気者。

ヒス　先生にひいきされている人のこと。用語「あの方は××先生のヒスよ」

ヒヤミコ　無精者。寒がりや。秋田地方の言葉であるが、近頃東京でも使われている。

微苦子《びくこ》　苦笑の交じった皮肉な笑い方をする人。文壇の流行語「微苦笑《びくしょう》」より来る。

ピューリタン　非常に厳粛な人を言う。本来の意は英語のPuritanで、清教徒のこと。

ヒロメヤ　自家宣伝ばかりする人。我田引水ばかりやる人。

フ

ブリーフ　手紙。ドイツ語のBriefから来る。

フグ　すぐ怒る人。

ブル　つんと澄ましている人。語例「随分、あの人、ぶってるわ」

プール　銀座通りのこと。雨が降ると、処々に水溜りが出来るから。

ブラヴォー　痛快！ああ愉快だ！と言った意味。イタリア語のBravoより来る。

ブリキ製のおもちゃ　女っぽい人。直ぐにボロが出るような、実力のない人。見栄ばかり張る人。

フラウ　奥さん、夫人。ドイツ語のFrauをそのまま借用。

フルオレーンジ　お婆さんのこと。古いミカンのように萎びているから。

フットケー　下流階級のけんか。けとばしたり打ったりするから。フットボールとホッケーからきたもの。

文鳥のやうな（ような）人　美しいけれど、意地の悪い方のこと。

ヘ

ペッギィさん　映画少女優ベビーペギー嬢の名から転用。可愛らしい人の総称。

ペット　秘蔵っ子。先生が可愛がる女生徒。
ヘス　醜い人。

ホ

ボヘミアンガール　気まぐれな自由主義の乙女。
洞ヶ峠《ほらがとうげ》　あっちへべったり、こっちへべったりの人のこと。本来の意味は、日和見主義を決め込む人を冷笑する時に使う。これは、織田信長の臣で、大和を領していた筒井順慶が、信長が光秀に討たれた時、順慶は兵を遣わして光秀を援護したが、秀吉が攻めると聞いて兵を引返し、山城と河内の境にある洞ヶ峠に陣取って形勢を見ていた。光秀からも応援を求められたが、秀吉の方が強そうなので、終にこの方に応じた。
本の虫　つめこみや、点取虫。
ポンチ　赤ん坊のこと。

マ

マアブル　結核性の病気をもった人のこと。皮膚が大理石のように美しいから。
マドロス　海軍士官にあこがれを抱く人。
マウンテンキャット　山猫のこと。気の強い、負け嫌いの人を言う。
マメダ　ちょこちょこしている人のこと。まめだとは狸の子の事。大阪大手前高女から流行り出す。
松澤村　キイキイ声を出す人、気狂じみている人。
マイナス　プラスの反対で引き去ることであるが、隠語としては「不足、足りない」という意味から低脳な人のことを言う。
まいる　手紙のこと。何々様まいる、これから出たもの。
松葉　幸福な人。いつまでも二人連れだから。

ミ

ミシン　意味深長の意味。語音から来る。
三好野　餅菓子のこと。
みみかくし　親不幸、耳をかくして親の言うことをきかない。
見たわよ　「本当にお羨ましいわ」といった場合に用いられる。語例「昨日は日比谷で　見たわよ。」なかなか意味深長である。

ム

夢遊病　ふらふらしている人のこと。

メ

メイ　断髪の子。十五才位から十七、八才くらいまで、前から見ると断髪のようだから。
面積　足の太い人のこと。足の面積があるから。
メーキャップ　化粧のこと。おつくりする、頬紅などを付けることを言い、役者が舞台へ出るために、扮装するのをメーキャップ（make up）というが、それが一般化したもの。女学生が登校の際、白粉をつけているのを嘲笑的に言う隠語。
メッチェン　妹の事。Machehen と言うドイツ語から来たもので、本来の意味は少女である。妹と言っても、同性間のSなどにおける妹の意味。
メリケンゴロ　新しがり屋。英語ばかり使って、いやに気取る人。

モ

モーション　自分の心を態度に表すこと。
モンロウ主義　自分のことは自分でする。他人の干渉は要らない。
モチモチ　勿論。語例「ええ、モチモチよ、私きっと行くわ。」
モリモリ　沢山、どっさり。語例「ほんとに困ってしまうわ。モリモリ宿題を出すんですもの。」
桃太郎主義　点取り主義の別名。
ものの哀れ　初恋の形容語。
モダン老人　不良性を帯びた中年紳士のこと。モダンガールと言われるのが悔しいので、年寄りのことをこう呼びだしたらしい。「モダン爺さん」とも言う。

ヤ

ヤス　一生懸命になる。非常に好む。語例「私、夕べ、復習をヤスしたわ」
ヤサル　好かれる。下級生が上級生から可愛がられることなどに使う。東京府立第五高女から流行り出し、目下は東京府立第一高女へ輸入され、盛んに使われている。

痩馬《やせうま》 よぼよぼの先生。形ばかりの先生のこと。時代遅れ。

ヤンバン お金のこと。ヤンバンは朝鮮語。

ヤンキイ おはねさん。お転婆さんのこと。

ユ

ユズユズ うれしい。語例「ああ、ユズユズする。あの先生の時間だから。」

ユートピア 英語のutopiaで、理想郷、隠語としては結婚生活のこと。

ヨ

米子さん 恐ろしく顔の長い人の事。映画俳優酒井米子を連想させるため。

ヨボ 汚いお爺さんのことなどを言う。これは朝鮮語。

ラ

ラジオのお化け 新しがりやのこと。最近流行の隠語である。

ラッキョウ この頃の丸ビルの女。悪い香水を沢山つけて、いやな匂いをさせているから。

ラウドスピカー ほらふきのこと。何でも拡声器のように物事を大きく言うから。

√3／ルートサン 代数用語から来たもので、開けないという意味から、手紙の封に使われている。

リ

リス チョコチョコしている人の総称。東京府立第二高女から流行り出す。

両棲動物 陸上競技もやれば、水泳もやるというような選手。

リーベ 愛人。ドイツ語のliebeをそのまま借用。英語では直ぐにわかるので、近頃はかなりドイツ語が上級生の間で使われている。

ル

ルウズ 自由な、放縦な、しまりのないというような意味。

ルートサン／√3 開けないという意味から、手紙などの封じに使われる。代数用語からきた。

ルテッカワ 変っている人。偏屈人。カワッテルというのを逆に読んだもの。

レ

レット 便所。トイレットから取ったもの。

レエーン 俳優のこと、赤や青や色々服装がかわるから。虹のレエーンボー（レインボー）から出たもの。

ロ

ロケーション 野遊び、遠足の意味。野外撮影（ロケーション）から来たもの。愛人と郊外などへ散歩に行く意味もあり、意味が意味だけに、極めて秘密に使われている。語例「K子さんは今日は鎌倉へロケーションよ。羨ましいわ。」

ロッブで行きませう（行きましょう） 仲良くして行きましょう。ロッブはロッビングでテニス用語。

ロング 背の高い人。英語のlongより来る。

ロングシャン 遠見の美人。シャンは一般化した隠語であるが、ロングシャンは近頃やっと蒲田撮影所から巣立ったばかりのもので、将来、恐るべき流行が予想される新隠語である。ロングは、撮影用語より来る。

ワ

和製ニーチェ ワニチと言う。自己本位のことや破壊的なことばかり言う人。

ワンサー 沢山とか、大勢とかの意味。撮影所などでは、大部屋にいる下っ端の連中をワンサー・ガールと言っている。

これらの言葉の中には、現在、差別表現として考えられるものもありますが、ここでは原拠に従いました。

お手紙書き本あらかると

嵯峨景子

少女たちにとって手紙がいかに重要なものであったのかは、多くの少女文化研究が指摘するところである。ここでは少し視点を変え、「手紙の書き方指導」という観点から少女と手紙文化について見ていきたい。

江戸期の『往来物』をはじめ女性を対象にした手紙の書き方本の歴史は古いが、少女文化と手紙の発展は明治32年の高等女学校令公布と、それを契機とした少女雑誌の創刊が背景にある。少女たちの手紙は実用的な消息文というよりも、独自のコミュニケーションツールとしての性質が強かった。『少女世界』（博文館）の主筆を務めた沼田笠峰は少女たちの作文に理解を示し、積極的な指導を行ったことで知られている。同文館から大正5年に発行された著作『現代少女とその教育』の中で沼田は女学校生徒の手紙について取り上げ、「即ち、多感性の少女はたゞわけもなく手紙を書く。その手紙こそは、実に彼等の血であり涙であり生命である」と記しているが、これは少女と手紙の関係の核心を突いた言葉であろう。

それに対しのちに『少女の友』（実業之日本社）の主筆を務める岩下小葉には『少女の手紙』（大正2年）という著作があるが、この本に通底しているのは少女の手紙文化に対する批判的な眼差しだ。「伯父さん」なる人物が少女たちの手紙に添削や批評を加えているが、英語の使用の否定をはじめ少女的な用語や文体への駄目出しがなされ、また文体ばかりではなく色彩を施している封筒は気障になる、西洋封筒ではなく日本封筒を用いるべき、レターペーパーもハイカラで少女にはふさわしくないとまで書かれている。岩下小葉は主筆時代に在仏中の吉屋信子に交渉し、『紅雀』の連載を実現させた編集者として知られており、少女たちの感性を理解して誌面作り行った人である。そんな彼でも、大正2年の時点では出現しつつある少女たちの新しい文体や手紙文化には否定的な態度を見せていることがかえって興味深い。

大正14年に宝文館から発売された『クローヴァー』『新緑のたより』『鈴蘭のたより』は、少女の手紙文化が花開いた時代に出版された書き方本だ。この三冊は岡崎英夫が書を手がけたペン習字帳も兼ねており、『クローヴァー』と『新緑のたより』は令女界編集部編、『鈴蘭のたより』は吉屋信子のテキストが用いられている。装幀は加藤まさを、中にはまさをと蕗谷虹児の挿絵がおさめられている（『鈴蘭のたより』はまさをのみ）。便箋を束ねたような凝った造本で、手紙によってレターペーパーのデザインが違うなど細部まで作り込みつつ、文例や筆跡を指導する少女好みのロマンティックな手紙書き方本に仕上がっている。なかでも『鈴蘭のたより』は目を惹くピンクの装幀と鈴蘭のデザイン、また吉屋信子が文例を手がけていて『花物語』的な手紙世界が展開されていることもあり、奥付を見ると抜きん出て発行部数が多い。

『少女世界』明治 42 年 11 月号（左）と大正 3 年 5 月号の表紙

お手紙書き方本
あらかると

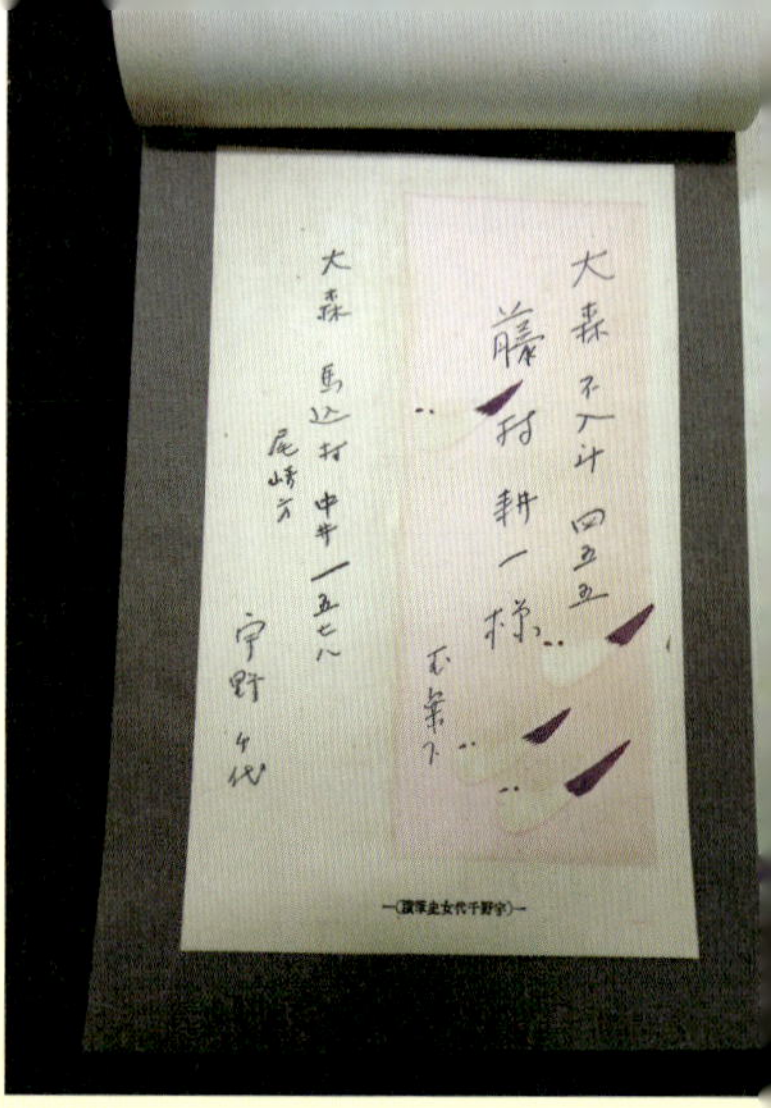

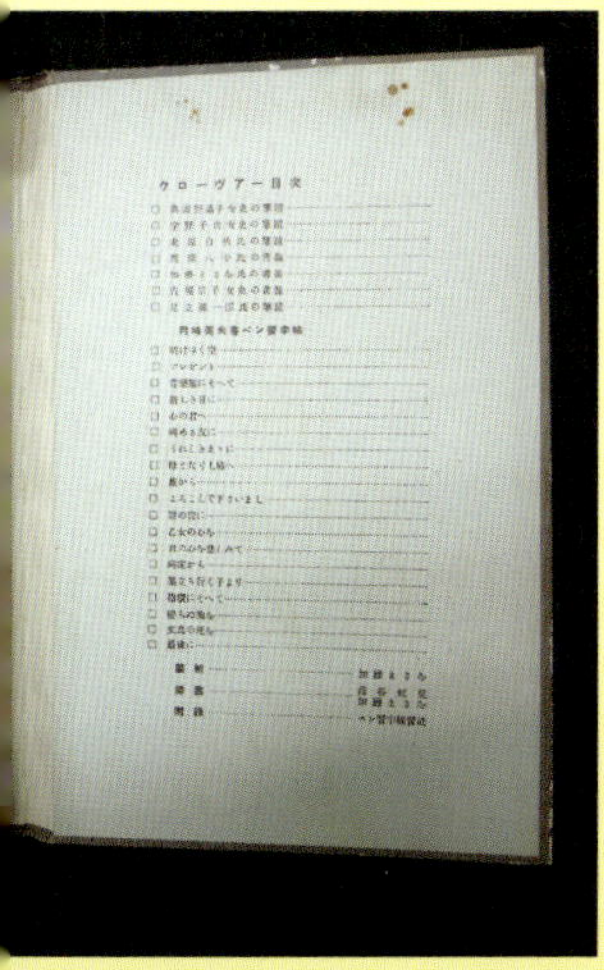
クローヴアー目次

お手紙書き方本
あらかると

あとがき

北島都

三つの章から編み上げた「お手紙」の世界、いかがだったでしょうか。

本書で紹介した絵封筒や便箋などのお手紙道具たちは、現代に通じるカワイさと魅力ある印刷によって、わたしたちの眼を楽しませてくれました。

しかし、お手紙道具は、デザインを鑑賞するだけでは終わりません。「道具」なのですから、実際に使われてこそ本領を発揮します。愛情こめた文章（エクリチュール）、こめられた意味の知識（コネッサンス）、美しい仕上げ（ブリコラージュ）……。お手紙道具を見るとき、少女が寝室で愉しく悩みながら美文をしたためる様子が脳裏に浮かばないでしょうか。手紙を書き、相手を想い、その想いを交わし合う。その行為まで含めて考えてこそ、お手紙とそれに対して少女たちがこめた想いの深さが感じられ、お手紙道具を楽しむ醍醐味を味わえるというものです。

お手紙道具は、モノとしての形態資料以上の価値と魅力をもって私たちの目の前に現れます。本書は、普段はのぞくことのできないその世界を見ていただける貴重な本なのです。ほら、もう一回読みたくなったでしょう？　また、おいでください。

編集・執筆

北島 都／少女文化研究者、大正・乙女デザイン研究所特別研究員

山田俊幸／大正・乙女デザイン研究所所長、日本絵葉書会会長

執筆・翻刻

大内 曜／武蔵野市立吉祥寺美術館学芸員

高畠麻子／高畠華宵大正ロマン館主任学芸員

田丸志乃／高畠華宵大正ロマン館嘱託学芸員

嵯峨景子／明治学院大学非常勤講師

小林菜生／大正・乙女デザイン研究所委員

進行

大平奈緒子／大正イマジュリィ研究者

協力

冨谷紀美子、林 利根、高畠華宵大正ロマン館、伊香保 保科美術館、

一般財団法人鹿野出版美術財団 弥生美術館、小林嘉壽、

大正・乙女デザイン研究所、Fuushin Networks

カワイイ！
少女お手紙道具のデザイン

2015年4月25日　初版第1刷発行

監修者　山田俊幸

発行者　相澤正夫

発行所　株式会社 芸術新聞社

〒101-0051　東京都千代田区神田神保町2-2-34 千代田三信ビル5階

電話　03-3263-1637（販売）　03-3263-1581（編集）

FAX.　03-3263-1659

URL　http://www.gei-shin.co.jp

振替　00140-2-19555

装丁　田中未来（MIKAN-DESIGN）

印刷・製本　シナノ印刷 株式会社

ISBN 978-4-87586-432-5